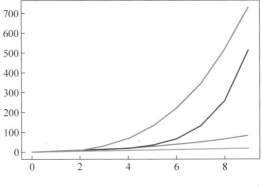

图 7.4 多线图

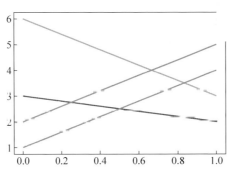

图 7.5 NumPy 多线图

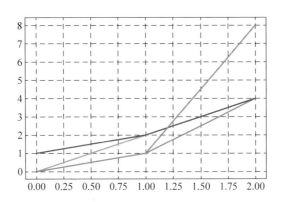

图 7.7 启用网格并打印 X 轴和 Y 轴的极限值

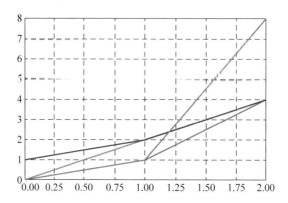

图 7.8　设置 X 轴和 Y 轴的范围

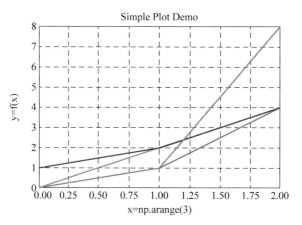

图 7.9　设置轴标签和标题

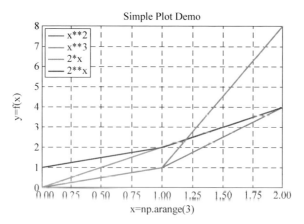

图 7.10　添加图例

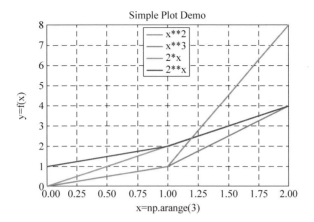

图 7.11　图例框在中间

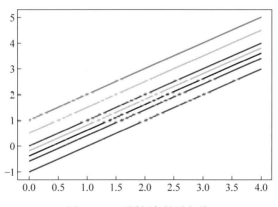

图 7.12　不同颜色的平行线

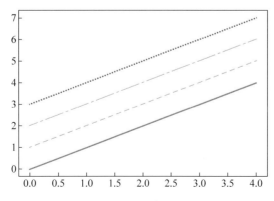

图 7.13　具有不同线条样式的平行线

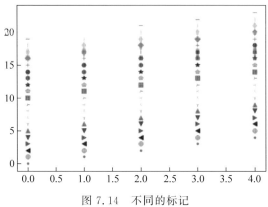

图 7.14　不同的标记

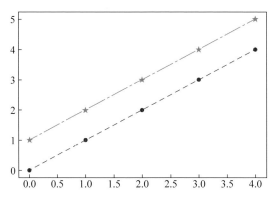

图 7.15　组合标记、线条样式和线条颜色

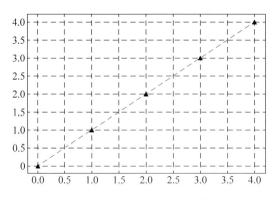

图 7.16　自定义可视化图像

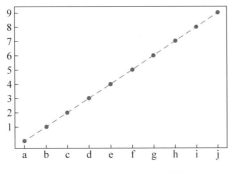

图 7.17　自定义 X 轴和 Y 轴刻度

图 8.1　使用默认色图渲染的灰度图像

Masked Image

图 8.2　掩码处理后的图像

Image Red

Green Blue

图 8.3　分离的颜色通道

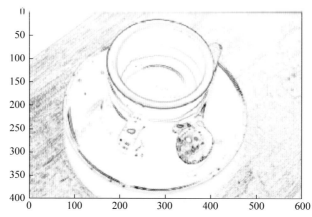

图 12.5　分别应用于 RGB 通道的 Scharr 滤波器的输出

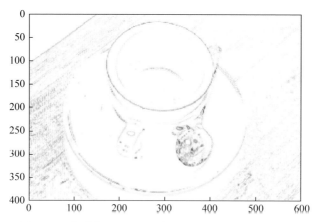

图 12.6　分别应用于 HSV 分量的 Scharr 滤波器的输出

Python 3
图像处理实战

使用 Python、NumPy、Matplotlib 和 Scikit-Image

[印] 阿什温·帕扬卡尔 (Ashwin Pajankar) 著

张庆红 周冠武 程国建　　　　译

清华大学出版社

北京

内 容 简 介

本书在介绍图像处理、Python 3 的安装和树莓派微型计算机等基本概念和知识的基础上，着重介绍 NumPy 数据结构的基础知识和数组操作、基于 Matplotlib 绘图库的图形可视化、基于 NumPy 软件包和 Matplotlib 绘图库的基本图像处理和高级图像处理、基于 Scikit-Image 图像处理包的直方图均衡化和变换、卷积和滤波器、形态学操作和图像复原、噪声消除和边缘检测以及高级图像处理操作，并通过具体代码例程说明如何应用 Scikit-Image 图像处理包进行实际图像处理。

全书共分 3 部分：第 1 部分（第 1~3 章）为图像处理概念及硬件知识基础，着重介绍树莓派微型计算机，包括树莓派操作系统的启动更新、网络连接以及远程访问等内容；第 2 部分（第 4~9 章）为 Python，着重介绍 Python 3 基础知识及其生态系统、NumPy 软件包和 Matplotlib 绘图库，同时介绍使用 NumPy 软件包和 Matplotlib 绘图库进行基本和高级图像处理的实现细节；第 3 部分（第 10~16 章）为 Scikit-Image 应用，基于 Scikit-Image 图像处理实例，介绍如何应用 Scikit-Image 图像处理包进行变换、滤波和复原等。全书提供了大量应用实例，每章后均附有小结和练习。

本书适合作为高等院校计算机、软件工程专业高年级本科生与成人教育的教材，同时可作为计算机视觉开发技术人员、科技工作者和研究人员的参考资料。

图书在版编目（CIP）数据

Python 3 图像处理实战：使用 Python、NumPy、Matplotlib 和 Scikit-Image/（印）阿什温·帕扬卡尔（Ashwin Pajankar）著；张庆红，周冠武，程国建译.—北京：清华大学出版社，2022.1
　　ISBN 978-7-302-59643-1

　　Ⅰ．①P… Ⅱ．①阿… ②张… ③周… ④程… Ⅲ．①图像处理软件 Ⅳ．①TP391.413

中国版本图书馆 CIP 数据核字(2021)第 249670 号

责任编辑：闫红梅
封面设计：刘　键
责任校对：徐俊伟
责任印制：宋　林

出版发行：清华大学出版社
　　　网　　　址：http://www.tup.com.cn，http://www.wqbook.com
　　　地　　　址：北京清华大学学研大厦 A 座　　邮　　编：100084
　　　社 总 机：010-83470000　　　　　　　　邮　　购：010-83470235
　　　投稿与读者服务：010-62776969，c-service@tup.tsinghua.edu.cn
　　　质量反馈：010-62772015，zhiliang@tup.tsinghua.edu.cn
　　　课件下载：http://www.tup.com.cn，010-83470236
印　装　者：天津鑫丰华印务有限公司
经　　　销：全国新华书店
开　　　本：170mm×230mm　　印张：11.25　　插页：3　　字数：154 千字
版　　　次：2022 年 3 月第 1 版　　　　　　印次：2022 年 3 月第 1 次印刷
印　　　数：1~2000
定　　　价：79.00 元

产品编号：090405 01

译者序

本书根据应用型高校培养工程技术人才的需要,对教材内容进行了编排优化。本着循序渐进、应用为主的原则,内容以适量、实用为度,注重知识的运用,着重培养学生应用 Python 图像处理包解决实际问题的能力。教材力求叙述简练,概念清晰,通俗易懂,便于自学。本书提供基于 Python 算法软件包的各种实用图像处理程序,是一本深入浅出地解释图像处理、科学 Python 生态系统和 Scikit-Image 相关概念,并重在应用与能力培养的应用型本科教材。

本书共 16 章,主要内容包括图像处理的基本概念、Python 3 的安装、树莓派的使用、Python 3 基础知识和生态系统介绍、基于 NumPy 软件包和 Matplotlib 绘图库的图像处理、基于 Scikit-Image 图像处理包的图像处理、Python 和 conda 软件包管理器介绍。

本书可作为高等学校计算机等相关专业的本科生、成人教育教材,或作为计算机视觉开发技术人员、科技工作者和研究人员的参考用书。

本书配套源代码可以扫描下方二维码获取。

本书第 1～3 章由周冠武翻译,第 4～6 章由程国建翻译,第 7～16 章由张庆红翻译。张庆红完成全书的修改及统稿。

由于译者水平有限,书中不当之处在所难免,欢迎广大同行和读者批评指正。

张庆红

2021 年 5 月

致谢

任何任务的完成都不是一个人的努力结果，本书的成功离不开所有工作人员的合作与协调。

感谢在我人生和为实现既定目标的困难时期给予帮助的人。无法单独感谢每一个人，在此谨致谢意并真挚感谢他们中的某些人。

我要感谢 Manish Jain 先生给我一个为 BPB 出版社写作的机会。在过去的 15 年里，为 BPB 写作一直是我的梦想，因为我从小阅读由 Yashavant Kanetkar 撰写的书籍。到目前为止，我已经与全球的出版商合作出版了 12 本书，这是我在 BPB 出版社出版的第三本书。

最后，我要感谢直接或间接为完成本书做出贡献的所有人。

作者简介

  Ashwin Pajankar 是一名博学者，有二十多年的编程经验，同时是一位科普者、程序员、创客、作家和 Youtube 博主。他热衷于 STEM（科学、技术、教育、数学）教育，还是一名自由软件开发者和技术培训师。他毕业于印度理工学院海德拉巴分校，获得计算机科学与工程专业硕士学位，曾在 Cisco 和 Cognizant 等跨国公司工作了十多年。

  Ashwin 还是 BPBOnline、Udemy 和 Skillshare 等各种在线学习平台的一名在线培训师。在业余时间，他向 Nasik 市的本地软件公司提供 Python 编程和数据科学主题的咨询业务。他还积极参与各种社会活动，在学生生活和过去的工作场所赢得了许多赞誉。

前言

作者相信,本书中的内容将使学生、创客和专业人士感到欣慰(希望通过一本综合著作深入浅出地解释与图像处理、科学 Python 生态系统和 Scikit-Image 相关的晦涩难懂的概念)。本书提供基于 Scikit-Image 图像处理包的各种实用图像处理程序。另外,本书是图像处理领域最早出版的、提供 Scikit-Image 和 Jupyter Notebook 两者结合编程的详细说明的书籍之一。

对于初学者来说,本书将是一个很好的起点。对高级读者来说,本书也是一份宝贵的参考。作者编写本书的目的是让初学者逐步学习与科学 Python 生态系统和图像处理有关的概念。

尽管本书并非按照任何大学的课程大纲编写,但攻读计算机科学、电子和电气科学与工程学位(B. E. /B. Tech/B. Sc. / M. E. /M. Tech. /M. Sc.)的学生会发现本书对他们的项目和实际工作非常有益。开始学习科学计算或希望将职业转向计算机视觉的软件和信息技术专业人员也将从本书中受益。

俗话说:"人皆犯错,宽恕是德"。有鉴于此,作者希望本书的不足之处可以被原谅。同时,作者对任何建设性的批评、反馈、修正和进一步改进的建议持开放态度。欢迎所有建设性的建议,作者将尽力将其纳入本书的后续版本中。

目录

第 1 章
图像处理中的概念

希望您已经通读了前言和目录。如果没有，建议您阅读它们，以便对本章和整本书的内容有所了解。这是本书的第 1 章，内容丰富，将会介绍很多重要的概念以了解本书中涉及的主题。编程实践和其他内容将在后续章节中介绍。让我们通过学习一些重要概念开始令人兴奋的图像处理之旅。

1.1　信号与信号处理

传递信息的波动量称为信号，这是信号的科学定义。在日常生活中，会遇到各种信号，例如人类的手势和电视/无线电信号。这些信号将某种类型的信息传达给接收者。信号本质上代表信息。

信号处理是一门科学学科，内容包括信号分析和从信号中提取有用的信息。信号处理是数学、信息科学和电气工程的子学科。下面的维恩图展示了上述学科之间的关系，如图 1.1 所示。

信号处理系统即执行信号处理任务的系统或实体，其最典型的示例是将无线电信号转换为声音信号的无线电设备。也可以将信号处理系统分为自然发生的信号处理系统（例如眼睛）和人造信号处理系统（例如电

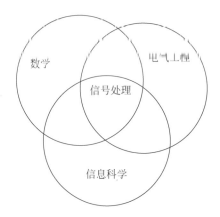

图 1.1　信号处理的维恩图

视或收音机)。由电子元件构成的人造信号处理系统被称为电子信号处理系统。根据其处理的信号的性质,电子信号处理系统可以分为模拟系统和数字系统。众所周知,模拟信号是连续的,数字信号是离散的。模拟信号和数字信号有许多不同之处,找出它们之间的差异是一项有趣的练习。

1.2　图像和图像处理

　　图像是信号。处理图像的实体是图像处理系统。它可以是一个自然系统,例如眼睛和大脑,也可以是人造系统。我们可以进一步将人造图像处理系统分为模拟图像处理系统和数字图像处理系统。

　　胶片相机或电影摄影机是一种模拟图像处理系统,图片以模拟格式存储在胶片中。电影放映机也是模拟信号处理系统的一个例子。数码相机和计算机是数字图像处理系统的典范。在数字图像处理中,以数字格式捕获和处理图像。数字图像存储格式使用数字位(0 和 1)表示图像。数字图像存储在数字存储介质中,例如光学存储器(CD、DVD)、半导体存储器(SSD)或磁性存储器(磁带)。

图像处理的应用领域有：

- 图像锐化和还原。

- 医学图像处理。

- 遥感。

- 信息的传输和编码。

- 机器和机器视觉。

- 模式识别和人工智能。

- 视频处理。

- 天文学。

- 计算机图形学。

- 光谱学。

1.3　小结

本章介绍了一些重要的概念，我们将在本书的后续章节中详细介绍这些概念。下一章将介绍在 Windows 上安装 Python 3 的过程。

练习

请查找模拟信号和数字信号之间的差异。

第2章
在 Windows 上安装 Python 3

第 1 章简要概述了将在本书讨论的一些重要概念的定义。本章主要介绍在 Windows 计算机上安装 Python 3 和设置编程环境的过程。

2.1 Python 网站

访问 Python 网站下载适用于 Windows 平台的可安装程序,Python 网站的 URL 为 www.python.org。打开网络浏览器,然后访问此 URL。以下页面将出现在浏览器窗口中,如图 2.1 所示。

图 2.1 中显示的页面为 Python 的主页。水平菜单中有一个 Downloads 选项,将鼠标指针悬停在 Downloads 选项上,将出现以下页面,如图 2.2 所示。

根据您的操作系统,该页面将显示相应的下载选项。对于 Windows,它将是一个可执行的安装文件。撰写本书时,最新版本为 3.7.3,而在您阅读本书时,它可能已经有了新版本。但是本书中的概念和编程示例在新版的 Python 中基本相同。因此,继续下载文件。下载完成后,您可以在用户的下载目录中寻找 python-3.7.3.exe。找到后,双击

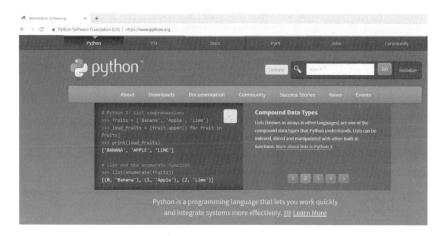

图 2.1　Python 主页

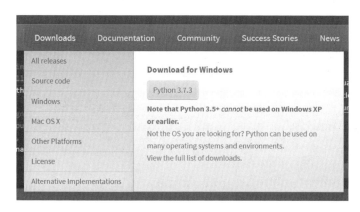

图 2.2　下载 Windows 版 Python

它开始安装。以下对话框将会出现,如图 2.3 所示。

　　确保选中所有复选框。最后一个复选框将确保可以从命令提示符启动 Python 3 可执行文件。然后,单击 Install Now 选项,此处将要求其有管理员权限。之后,将继续安装过程。一旦成功安装,将显示以下对话框,如图 2.4 所示。

　　单击 Close 按钮,关闭安装对话框。Python 3 解释器和集成开发与学习环境(IDLE)安装完成。

图 2.3   Python 3 安装

图 2.4   Python 3 安装成功

通过在 Windows 的搜索框中搜索,可以找到 Python 3 解释器和 IDLE。另一种验证方法是打开 cmd 程序,然后在命令提示符下输入 python 命令。调用 Python 3 解释器,如图 2.5 所示。

注意,只有在安装过程中勾选了 Add Python to PATH 复选框,才能

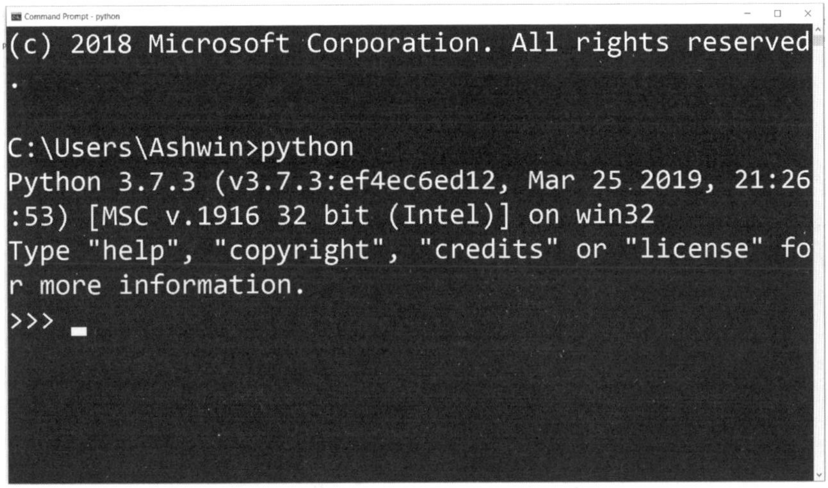

图 2.5　Windows cmd 中的 Python 3 解释器

执行上述步骤。如果要退出,需要输入命令 exit( ),并按回车键。

2.2　小结

在本章中,学习了如何在 Windows 上安装 Python 解释器,并未涉及 Python 基础知识和编程的内容,因为我们将在专门的章节中介绍这些概念。在下一章中,将详细介绍树莓派及其设置。

练习

请浏览 Python 的主页 www.python.org。

第3章

树莓派简介

上一章中，学习了如何在 Windows 上安装 Python 3 以及如何验证环境，并浏览了 Python 软件基金会的网站 www. python. org。

在本章中，首先将熟悉单板计算机的概念。然后，详细探讨树莓派，它是我们这一代最推崇的一种单板计算机。接着将学习如何使用 Raspbian 操作系统启动树莓派。然后，通过互联网将树莓派与外界连接，学习如何远程访问树莓派 Raspbian 桌面和命令提示符。除此之外，还将研究树莓派最新型号的硬件规格。

3.1 单板计算机

单板计算机(SBC)是一个位于单个印刷电路板(PCB)上的具有完整功能的计算机。SBC 的 PCB 具有一台功能完整的工作计算机所需的所有组件，例如微处理器、输入/输出端口、内存和以太网端口/WiFi。SBC 可用于多种目的，包括学习如何编写程序、构建 NAS 驱动器、机器人、家庭自动化，以及执行家用计算任务，例如 Web 浏览、文字处理或电子表格。

SBC 最初是为无力购头大型计算机的人提供易于访问的编程平

台而开发的。在 20 世纪 70 年代、80 年代和 90 年代,台式/个人计算机兴起之前,市场主要由家用计算机控制,而家用计算机基本上都是 SBC。

　　第一台真正的单板计算机称为 dyna-micro,使用英特尔的 C8080A 作为 CPU,还使用了英特尔的第一个 EPROM 芯片 C1702A。dyna-micro 于 1976 年被 E&L 仪器公司重新命名为 MMD-1(Mini-Micro Designer 1)。有关 MMD-1 的更多信息,请访问 http://www.decodesystems.com/mmd1.html。以下是一个 MMD-1 的早期原型照片,如图 3.1 所示。

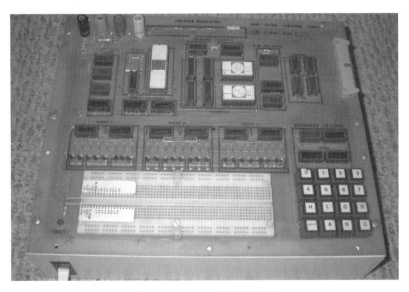

图 3.1　MMD-1 的早期原型

　　英国广播公司(BBC)的 Micro 是最早出名并广受欢迎的家用计算机之一。以下是 BBC Micro 的照片,如图 3.2 所示。

　　随着技术的进步,低成本台式计算机的新时代开始于 IBM PC,而家用计算机逐渐淡出人们的视线。但是,随着通用串行总线(USB)等新技术的出现以及半导体制造技术的进步,单板计算机再次兴起。由于使用了片上系统(SoC),SBC 的尺寸已经大大缩小到信用卡的大小。SoC 是一种集成电路(IC),它将微处理器、内存和 I/O 等所有组件都集成到一

图 3.2　BBC Micro

个芯片上。除 SBC 外，SoC 的一个流行实例是移动计算设备，例如手机和平板电脑。SoC 还用于嵌入式系统和物联网（IoT）。

　　以家用计算机形式出现的 SBC 最初被设想为面向教育部门，并为学生提供编程平台的访问权限。然而，由于其体积小，SBC 被广泛应用于工业、科研和诸如 IoT（物联网）之类的行业中。

3.1.1　单板计算机的优缺点

　　在讨论 SBC 时，必须讨论它们的优缺点。SBC 在一块 PCB 上拥有一台功能完整的计算机所需的所有组件，这有助于缩小尺寸。大多数非常受欢迎的 SBC 都只有信用卡大小，可以轻松放入衬衫的前胸口袋或男式裤子的口袋中。这是 SBC 的最显著的优点，因为体积小，它们可应用于嵌入式应用程序和物联网项目。小尺寸还可以优化（减少）单位生产成本。因此，价格低于 100 美元的 SBC 有几十种。

　　由于尺寸的限制，SBC 无法拥有很强的计算能力。SBC 可以满足家庭计算、Web 浏览、IoT、工业和嵌入式的需求，但不能完成计算量大的任务。同样地,由于所有组件都在同一块 PCB 上,因此无法升级单个组件。在台式计算机中,由于组件的模块化,这是可能的。此外,如果 SBC 的任何组件损坏,由于同样缺乏模块化,因此无法轻易更换。

3.1.2　流行的 SBC 系列

下面介绍几个流行的、低成本的 SBC 系列。

树莓派是一个非常流行的、只有信用卡大小的单板计算机系列。在接下来的章节中将看到这一点。

另一个流行的单板计算机系列是 Banana Pi 和 Banana Pro,如图 3.3 所示。

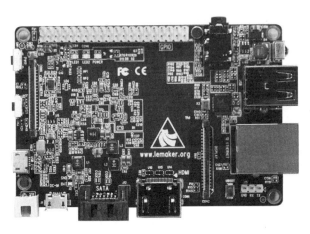

图 3.3　Banana Pro

英特尔除了有打折的英特尔 Edison 和 Galileo 主板外,还在 2019 年推出了一个名为 UP Squared 的新平台,如图 3.4 所示。

华硕也推出了名为 Tinker Board 的 SBC,如图 3.5 所示。

甚至是广受欢迎的可编程微控制器系列的 Arduino 也有许多 SBC,例如 Arduino Tian,如图 3.6 所示。

图 3.4　英特尔推出的 UP Squared

图 3.5　华硕 Tinker Board

图 3.6　Arduino Tian

3.2 树莓派

树莓派是一个非常流行的单板计算机系列。事实上，许多人将 SBC 的再度流行归因于树莓派。树莓派基金会和树莓派交易公司管理着树莓派品牌，Eben Upton 是树莓派背后的主要人物，目前担任树莓派交易公司的首席执行官，负责树莓派系列的软件和硬件架构。

第一代树莓派，称为树莓派 1 Model B，于 2012 年 2 月发布，并在商业上取得了巨大成功。实际上，树莓派是销量最高的英国计算机。之后，该公司发布了更多型号的树莓派。

截至 2019 年 4 月，树莓派系列的最新成员是树莓派 3 Model B＋。以下是 Model B＋型的规格（表 3.1）。

表 3.1　Model B＋型规格

SoC	Broadcom BCM2837B0
CPU	4×Cortex-A53 1.4GHz
FPU	VFPv4＋NEON
GPU	Broadcom VideoCore IV（GPU 3D 部分 @ 300 MHz，GPU 视频部分 @ 400 MHz）
内存	与 GPU 共享 1GB RAM
网络选项	以太网端口和 WiFi
USB 2.0 端口	4
生产状态	将生产至 2023

当使用树莓派尝试本书中的图像处理编程示例时，上面提供的信息非常有用。树莓派还有一些其他特性，例如 GPIO 引脚，不在本书的讨论范围之内。

以下是树莓派 3 Model B＋的俯视图照片，如图 3.7 所示。

图 3.7　树莓派 3 Model B+的俯视图

在图 3.7 的左上角，可以看到 GPIO 引脚。在左下角，可以看到电源的微型 USB 接口。与它相邻的是 HDMI 视频输出端口。在右侧，有 USB 和以太网端口。我们将在本书中使用这些端口。图 3.8 展示了以太网端口和 4 个 USB 2.0 端口。

图 3.8　树莓派 3 Model B+以太网端口和 USB 2.0 端口

图 3.9 展示了树莓派的所有 I/O 端口和电源端口。

图 3.10 是树莓派的底视图，其中 MicroSD 卡的插槽清晰可见。

在图 3.10 的左侧，可以清楚地看到 MicroSD 卡的插槽。

有关树莓派其他型号的规格的更多信息，请访问 http://www.raspberrypi.org/products/。

图 3.9 树莓派 3 Model B+端口

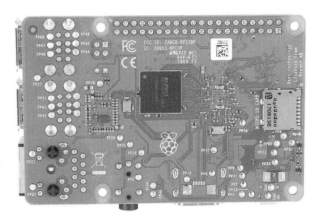

图 3.10 树莓派 3 Model B+的底视图

3.3 Raspbian 操作系统

树莓派能够运行许多操作系统,包括 Raspbian(将详细介绍)、Ubuntu 和 Windows 10 IoT Core。Raspbian 是树莓派的官方操作系统。它是 Debian 的变体,是一种流行的 Linux 发行版,针对树莓派硬件进行了优化。对于初学者,建议从树莓派基金会的下载页面 https://www.raspberrypi.org /downloads/raspbian/下载 Raspbian 映像文件。可以在其主页 https://www.raspbian.org 上找到有关 Raspbian 项目的更多详细信息。

3.4 设置和启动树莓派

设置并启动树莓派。

3.4.1 设置所需的硬件

下面介绍树莓派设置所需的硬件组件列表。

1）树莓派板

这里使用树莓派 3 Model B＋开发板，所有型号的安装说明大致相同。如果有什么不同，那么将在说明中提及。

2）Windows 计算机

需要使用 Windows 台式计算机或笔记本电脑，也可以使用 Linux 或 Mac。但是，大多数读者更倾向于使用 Windows。

3）键盘和鼠标

需要一对 USB 键盘和鼠标连接树莓派。

4）网络连接

还需要高速互联网（WiFi 或以太网）下载软件。

5）MicroSD 卡

必需要一张至少有 8GB 存储空间的 MicroSD 卡。笔者更喜欢使用 16GB 存储空间的 10 级 MicroSD 卡，作为树莓派的辅助存储，将在此 MicroSD 卡中安装 Raspbian 操作系统，如图 3.11 所示。

6）电源供应

树莓派需要 5V 电源。建议电流为 2.5A，以便与任何型号的树莓派一起使用。请记住，树莓派需要一个微型 USB 类型的电源。可以在

图 3.11 8GB MicroSD 卡

https://www.raspberrypi.org/products/raspberry-pi-universal-power-supply/找到树莓派通用电源插座。它将适用于所有树莓派型号,如图 3.12 所示。

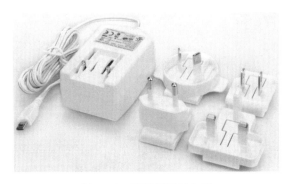

图 3.12 树莓派通用电源

7) 读卡器和 MicroSD-SD 卡转换器

许多笔记本电脑都内置 SD 卡读卡器。如果计算机中没有内置读卡器,则需要如图 3.13 所示的读卡器。

图 3.13 内存卡读卡器

如果有树莓派 1 Model B 等较旧型号的树莓派，则需要一个 MicroSD SD 卡的转换器，如图 3.14 所示。

图 3.14 内存卡适配器/转换器

8）显示器

可以使用 HDMI 显示器进行图形显示。为此，需要 HDMI 公对公电缆。以下是 HDMI 公连接器，如图 3.15 所示。

图 3.15 HDMI 公端口

如果打算使用 VGA 显示器，则需要 VGA 公对公连接器，如图 3.16 所示。

图 3.16 VGA 公对公连接器

如果使用 VGA 显示器和公对公电缆,还需要 HDMI-VGA 信号转换器,如图 3.17 所示。

图 3.17　HDMI-VGA 信号转换器

以上就是设置和首次启动树莓派板所需硬件的列表。

3.4.2　设置所需的软件

将 Raspbian OS 写入充当树莓派存储设备的 MicroSD 卡中。有两种方法可以在卡上写入操作系统。第一种是 NewOut of the Box Software (NOOBS)。本书不会讨论 NOOBS,因为手动将操作系统写入卡可以有机会在需要时更改设置。在本节中,将看到如何手动调整 MicroSD 卡中的设置。因此,下面介绍如何手动准备 MicroSD 卡。为此,需要下载准备 MicroSD 卡所需的免费软件。

1)下载 Raspbian OS 映像

打开浏览器,访问 https://www. raspberrypi. org/downloads/ raspbian/,将出现以下页面,如图 3.18 所示。

有三个选项。下载 Raspbian Stretch with desktop and recommended softwore 压缩文件。该映像具有图像处理编程练习的所有必需软件,并且将获得一个完整的桌面,此后无须安装大量软件。

2) WinZip 或 WinRaR

映像为 zip 压缩格式。必须下载如 WinZip 或 WinRaR 的解压软件。因此,可以从 https://www. winzip. com 或 https://www. win-rar. com

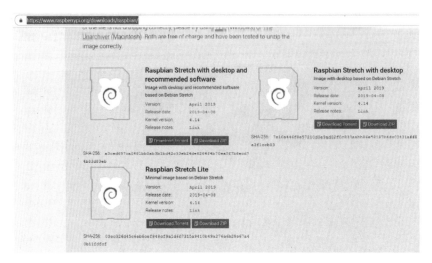

图 3.18　各种 Raspbian OS 映像

下载并安装软件后,提取映像文件。

3) Win32 磁盘映像器

解压的映像是 ISO 格式的文件,必须将其写入 MicroSD 卡。因此,需要从 https://sourceforge.net/projects/win32diskimager/上下载并安装 Win32 磁盘映像器。

3.4.3　将操作系统写入 MicroSD 卡

一旦安装了 Win32 磁盘映像器,就可以在 MicroSD 卡上写入 ISO 映像文件。将 MicroSD 卡插入读卡器,然后将其连接到台式计算机/笔记本电脑。等待一段时间,直到计算机检测到 MicroSD 卡,它将显示为新磁盘。打开 Win32 磁盘映像器,对话框如图 3.19 所示。

从设备下拉菜单中选择适当的磁盘。如果选择了错误的磁盘,则它将覆盖该磁盘中的数据。因此,谨慎选择磁盘。选择磁盘后,单击蓝色文件夹图标,从映像文件中选择要解压的 ISO 文件,这将启用 Write 按钮。单击 Write 按钮。如果写入保护卡槽被打开,则会出现以下错误对话框,

图 3.19　Win32 磁盘映像器

如图 3.20 所示。

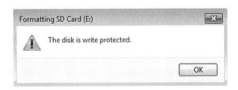

图 3.20　Win32 磁盘映像器

切换写入保护卡槽。然后，再次单击 Write 按钮。这将使我们能够将 ISO 文件写入 MicroSD 卡。但是，在继续之前，将显示警告消息，如图 3.21 所示。

单击 Yes 按钮以继续。开始将数据写入 MicroSD 卡。数据写入完成后，将出现以下消息，如图 3.22 所示。

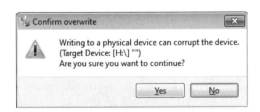 

图 3.21　MicroSD 卡覆盖警告消息　　　图 3.22　成功信息

Raspbian OS 映像已写入 MicroSD 卡。

如果打算使用 VGA 显示器,那么需要修改 config. txt 文件。断开 Micro3D 读卡器与计算机的连接,然后重新连接,它将显示为名为 boot 的新驱动器。这是 Raspbian OS 的启动分区,读取 MicroSD 卡时, Windows 只能访问此分区。现在,需要对 config. txt 文件进行以下更改。

- 将 ♯disable_overscan＝1 更改为 disable_overscan＝1。
- 将 ♯hdmi_force_hotplug＝1 更改为 hdmi_force_hotplug＝1。
- 将 ♯hdmi_group＝1 更改为 hdmi_group＝2。
- 将 ♯hdmi_mode＝1 更改为 hdmi_mode＝16。
- 将 ♯hdmi_drive＝2 更改为 hdmi_drive＝2。
- 将 ♯config_hdmi_boost＝4 更改为 config_hdmi_boost＝4。
- 保存文件。

完成这些更改后,请从 Windows 计算机安全断开 MicroSD 卡读取器的连接。

3.4.4 启动树莓派

使用准备好的 MicroSD 卡进行第一次树莓派的启动。执行以下操作。

- 如果有 HDMI 显示器,使用 HDMI 公对公电缆将显示器直接连接到树莓派的 HDMI 端口。如果有 VGA 显示器,请使用 HDMI-VGA 适配器将 HDMI 信号转换为 VGA,然后使用 VGA-VGA 电缆连接到该显示器。
- 将 MicroSD 卡插入树莓派的 MicroSD 卡插槽。
- 将 USB 鼠标和 USB 键盘连接到树莓派。
- 确保此时已关闭电源。用微型 USB 电源线将树莓派连接到电源。将显示器也连接到电源。
- 检查所有连接,然后打开树莓派和显示器的电源

此时,树莓派将开始启动。

对于所有采用单核处理器型号的树莓派,启动屏幕在左上角显示一个树莓果实的图像。对于采用四核处理器型号的树莓派,启动屏幕在左上角显示四张树莓果实的图像。

树莓派启动后,以下是 Raspbian OS 的屏幕截图,如图 3.23 所示。

图 3.23　Raspbian OS 桌面

3.5　config. txt 和 raspi-config

树莓派没有台式计算机那样的 BIOS。BIOS 代表二进制输入输出语句。BIOS 存储用于启动计算机的设置。由于树莓派系列的计算机没有任何 BIOS,因此所有设置都存储在 boot 分区中名为 config. txt 的文件中。如果读取到装有 Raspbian OS 的 MicroSD 卡,则在 Windows 和 Mac 计算机中显示为一个名为 boot 的磁盘,将无法从 Windows 和 Mac 计算机中读取其他分区。如果使用 Linux 分布式计算机读取同一张卡,则它将显示所有分区。在本章中已经介绍了如何为 VGA 显示器编辑这个文件,还可以通过修改 config. txt 调整其他设置。但是,这是一个烦琐的过程,因为 Raspbian OS 附带了几个实用程序。将要讨论的是 raspi-config

实用程序,可以从 Raspbian OS 命令行 LXTerminal 启动。还可以在 Raspbian 任务栏的左上角找到 LXTerminal 图标,如图 3.24 所示。

图 3.24　Raspbian OS 桌面图片

单击该图标,将出现以下窗口,如图 3.25 所示。

图 3.25　LXTerminal 窗口

这是 Linux 的命令行实用程序。可以在此处运行命令并直接与操作系统进行交互。运行以下命令。

```
sudo raspi-config
```

调用该实用程序,如图 3.26 所示。

首先设置本地化选项。最重要的是键盘布局。您可能希望将其更改为美国键盘布局而不是英国键盘布局。更改其他设置,如 Locale(区域)、Timezone(时区)和 WiFi Country(WiFi 国家),如图 3.27 所示。

```
1 Change User Password    Change password for the
2 Network Options         Configure network settin
3 Boot Options            Configure options for st
4 Localisation Options    Set up language and regi
5 Interfacing Options     Configure connections to
6 Overclock               Configure overclocking f
7 Advanced Options        Configure advanced setti
8 Update                  Update this tool to the
9 About raspi-config      Information about this c


        <Select>                    <Finish>
```

图 3.26　raspi-config 实用程序

```
I1 Change Locale              Set up language and regi
I2 Change Timezone            Set up timezone to match
I3 Change Keyboard LayouSet the keyboard layout
I4 Change WiFi Country Set the legal channels u
```

图 3.27　本地化选项

还必须更改 Interfacing Options(接口选项)并启用 SSH 和 VNC,如图 3.28 所示。

```
P1 Camera             Enable/Disable connectio
P2 SSH                Enable/Disable remote co
P3 VNC                Enable/Disable graphical
P4 SPI                Enable/Disable automatic
P5 I2C                Enable/Disable automatic
P6 Serial             Enable/Disable shell and
P7 1-Wire             Enable/Disable one-wire
P8 Remote GPIO        Enable/Disable remote ac
```

图 3.28　接口选项

在 Advanced Options(高级选项)下的 Memory Split(内有分割)中,为 GPU 分配 16MB。然后,选择 Expand Filesystem(扩展文件系统)。这将使我们能够使用整个 MicroSD 上的存储空间,如图 3.29 所示。

```
A1 Expand Filesystem    Ensures that all of the
A2 Overscan             You may need to configur
A3 Memory Split         Change the amount of mem
A4 Audio                Force audio out through
A5 Resolution           Set a specific screen re
A6 Pixel Doubling       Enable/Disable 2x2 pixel
A7 GL Driver            Enable/Disable experimen
```

图 3.29　高级选项

另外，一旦启用互联网访问(在下一节中将看到)，不要忘记从主菜单中选择 Update 选项更新 raspi-config 实用程序。在主菜单中选择 Finish 选项后，将要求重新启动。这将重新启动树莓派，并再次启动到桌面。

3.6　连接到网络

现在，学习如何将树莓派连接到网络和互联网。可以通过手动编辑/etc/network/interfaces 文件或通过 GUI 完成。下面将介绍这两种方式。

3.6.1　连接 WiFi

在右上角，可以看到 WiFi 图标，通过该图标可以找到 WiFi 网络并通过提供凭据进行连接，如图 3.30 所示。

也可以通过手动编辑/etc/network/interfaces 文件连接 WiFi。

图 3.30　高级选项

在终端运行以下命令。

```
sudo mv /etc/network/interfaces /etc/network/interfaces.bkp
```

该命令将备份原始文件，以便在出现问题时还原该文件。

在终端中运行以下命令编辑文件。

```
sudo leafpad /etc/network/interfaces
```

将以下代码粘贴到文件中。

```
source - directory /etc/network/interfaces.d
auto lo
iface lo inet loopback
auto wlan0
allow - hotplug wlan0
iface wlan0 inet dhcp
```

```
wpa – ssid "ASHWIN"
wpa – psk "internet"
```

必须根据自己的 WiFi 网络在上述各行中更改 SSID 和密钥。完成后，运行以下命令。

```
sudo service networking restart
```

这将重新启动树莓派的网络服务并连接 WiFi。

3.6.2　连接有线网络

可以使用以太网端口连接有线网络。将其插入网络电缆，并在/etc/network/interfaces 文件中复制以下代码设置静态 IP 地址。

```
source – directory /etc/network/interfaces.d
auto lo
iface lo inet loopback

auto eth0
allow – hotplug eth0 iface eth0 inet static
# Your static IP
address 192.168.0.2
# Your gateway IP
gateway 192.168.0.1
netmask 255.255.255.0
# Your network address family network 192.168.0.0
broadcast 192.168.0.255
```

如果想利用网关（路由器/调制解调器）的动态主机配置协议（DHCP），请使用以下设置。

```
source – directory /etc/network/interfaces.d
auto lo
iface lo inet loopback auto eth0
allow – hotplug eth0
iface eth0 inet dhcp
```

进行更改后，使用以下命令重新启动网络服务。

```
sudo service networking restart
```

通过以太网将树莓派连接有线网络。

3.6.3 检查连接状态

通过运行以下命令检查连接状态。

```
ifconfig
```

这将返回网络的详细信息，包括分配给树莓派的 IP 地址。
还可以通过运行以下命令检查与互联网的连接情况。

```
ping - c4 www.google.com
```

这将检查树莓派是否可以访问 www.google.com。

3.7 远程连接树莓派

还可以通过网络远程连接树莓派。现在，将学习如何在本地网络中
实现，首先确保启用了 SSH 和 VNC。

3.7.1 使用 PuTTY 和 Bitvise SSH 客户端访问命令提示
符窗口程序

如果想访问树莓派的命令提示符，可以使用 PuTTY SSH 客户端。
从 https://www.putty.org/下载并安装 PuTTY 客户端。完成后，通过
在 Windows 搜索栏中搜索 PuTTY 打开客户端。客户端对话框如图 3.31
所示。

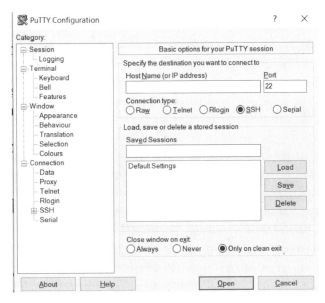

图 3.31　PuTTY 客户端

在上面的对话框中(图 3.31),输入树莓派的 IP 地址,然后单击 Open 按钮,即可连接树莓派。默认情况下,使用的用户名和密码分别是 pi 和 raspberry。完成后,将弹出一个窗口,如图 3.32 所示。

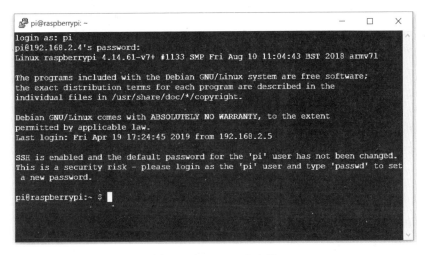

图 3.32　PuTTY 客户端

这是树莓派的终端。可以从这里运行任何不涉及调用 GUI 的命令。PuTTY 客户端对于初学者已经足够友好。但是，还有更多高级客户端可用于终端远程连接。笔者更喜欢使用 Bitvise SSH 客户端。它具有如保存用户名/密码组合以便重复使用以及主机之间进行 FTP 文件传输的功能。以下是 Bitvise SSH 客户端运行的屏幕截图，如图 3.33 所示。

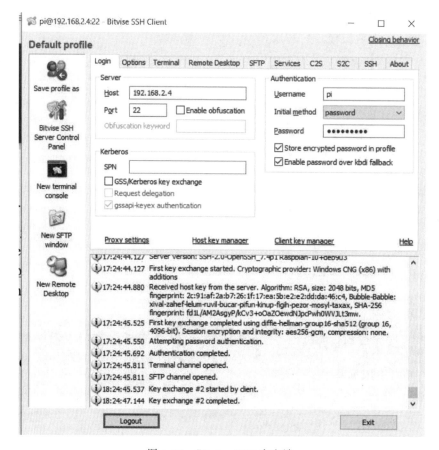

图 3.33　Bitvise SSH 客户端

以下是文件传输窗口的屏幕截图。可以看到 Windows 文件系统在左侧，Raspbian 文件系统在右侧，如图 3.34 所示。

因为增加的功能和易用性，笔者更喜欢 Bitvise。

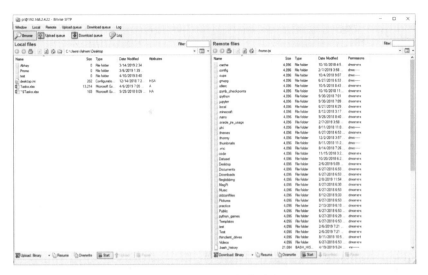

图 3.34　Bitvise 文件传输窗口

3.7.2　带有 RDP 和 VNC 的远程桌面

前面已经介绍了几种可以远程连接树莓派,访问其命令提示符窗口以及传输文件的方法。但是,很难使 GUI 应用程序与 SSH 一起工作,因此,下面将介绍一些远程连接桌面的方法。

1. 远程桌面协议

可以使用远程桌面协议(RDP)从 Windows 连接 Linux 远程桌面。为此,首先需要使用以下命令在树莓派上安装 xrdp。

```
sudo apt - get install xrdp
```

然后,使用以下命令重新启动树莓派。

```
sudo reboot - h now
```

这将重启树莓派。在 Windows 搜索栏中搜索远程桌面连接。打开应用程序。输入所有详细信息,如 IP 地址和凭据,如图 3.35 所示。

图 3.35　远程桌面连接

单击 Connect 按钮后,必须输入凭据才能连接树莓派。远程桌面窗口如图 3.36 所示。

图 3.36　远程桌面窗口

2. VNC

VNC 代表虚拟网络计算。它用于从其他设备访问 Linux 桌面。使用以下命令在树莓派上安装 VNC 服务器。

```
sudo apt – get install realvnc – vnc – server
```

从 https://www.realvnc.com/en/connect/download/viewer/下载并安装 Windows VNC 查看器。

打开 RealVNC 查看器，从 File 菜单创建新连接。以下是创建新连接的窗口，如图 3.37 所示。

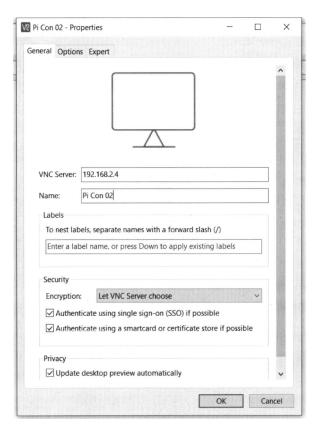

图 3.37　创建新连接的窗口

创建连接后，双击该连接即可。将要求提供以下凭据，如图 3.38 所示。

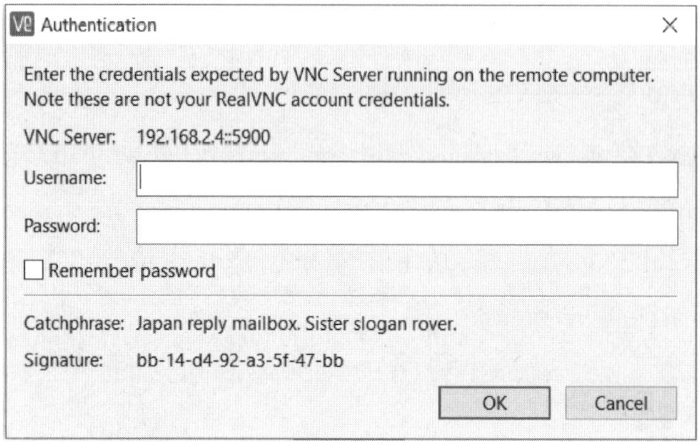

图 3.38　新的连接对话框

以下是运行中的 RealVNC 的屏幕截图，如图 3.39 所示。

图 3.39　运行中的 RealVNC

3.8　更新树莓派

可以更新树莓派中各个方面的软件，如 raspi-config、固件和 Raspbian OS。下面一一介绍如何更新。

在主菜单 Update 选项中更新 raspi-config，如图 3.40 所示。

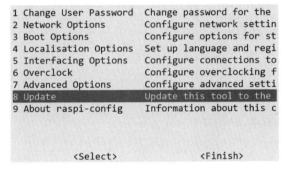

```
1 Change User Password    Change password for the
2 Network Options         Configure network settin
3 Boot Options            Configure options for st
4 Localisation Options    Set up language and regi
5 Interfacing Options     Configure connections to
6 Overclock               Configure overclocking f
7 Advanced Options        Configure advanced setti
8 Update                  Update this tool to the
9 About raspi-config      Information about this c




            <Select>                <Finish>
```

图 3.40　更新 raspi-config

使用以下命令更新固件。

```
sudo rpi - config
```

使用以下命令更新 Raspbian OS 和软件包。

```
sudo apt - get update
sudo apt - get dist - upgrade - y
```

3.9　关闭并重新启动树莓派

使用以下命令关闭树莓派。

```
sudo shutdown - h now
```

使用以下命令重新启动树莓派。

```
sudo reboot - h now
```

3.10　为什么使用树莓派

树莓派是世界上最受欢迎的单板计算机,是一台低成本、低功耗的计算机。如果预算有限,但仍然想学习编程,那么树莓派是市场上最实惠的选择。如果学习者遇到任何障碍,可以在线获得大量文档、书籍、示例和帮助。

3.11　小结

在本章中,学习了单板计算机的基础知识及其历史,介绍了许多 SBC 的样板。然后,详细学习了当下最著名的 SBC,即树莓派。学习了如何设置树莓派以及如何远程连接它。在第 4 章中,将学习 Python 3 的基础知识。学习如何编写一个简单的 Hello World! 程序,在不同平台上以不同方式进行编程和执行。还将介绍用于 Python 3 编程的各种集成开发环境(IDE)。

练习

要更深入地了解树莓派和 Raspbian OS,请完成以下练习。
- 浏览 Raspbian OS 中的所有实用程序。
- 本章没有介绍 raspi-config 实用程序中的所有选项,请探索其余选项。
- 访问并浏览本章提供的所有 URL。

第4章

Python 3 基础知识

在第3章中,介绍了什么是单板计算机,还介绍了单板计算机的树莓派系列,并学习了如何设置树莓派。同时详细了解了树莓派上 Raspbian OS 的安装过程,以及如何远程连接树莓派的过程。

在本章中,将详细介绍 Python 的基础知识与 Python 编程语言的历史和起源。

4.1　Python 编程语言的历史

Python 编程语言诞生于 20 世纪 80 年代后期,由在荷兰国家数学和计算机科学研究所(CWI)工作的 Guido van Rossum 于 1989 年 12 月开始开发。它是 ABC 编程语言的后继产品。ABC 本身的灵感来自高级编程语言 SETL。Python 被设想为能够执行异常处理,并与 Amoeba 操作系统实现交互的语言。Python 以著名的 BBC 电视喜剧节目 *Monty Python's Flying Circus* 命名。

Guido van Rossum 是 Python 的主要开发者,并被 Python 社区授予终身仁慈独裁者(BDFL)称号。他于 2018 年 7 月 12 日卸任 Python 社区负责人。

1991 年 2 月，Guido van Rossum 将标记为 Python 0.9.0 的代码发布到了 alt. sources。此版本中提供的类具有继承、异常处理和函数特性，以及 list、dict、str 等核心数据类型。

Python 2 于 2000 年 10 月 16 日发布，具有许多新功能，例如：

- 用于内存管理的循环检测垃圾收集器。
- 参考计数。
- 支持 Unicode。

4.2　为什么使用 Python 3

Python 3 是一个主要的、向后不兼容的版本，最初于 2008 年 12 月 3 日发布。Python 2.x 代码不保证可以被 Python 3.x 无错误地解释并执行。Python 3.x 的许多主要特性也被向后移植到兼容 Python 2.6 和 2.7 的版本中。

最终的 2.x 版本 2.7 发布于 2010 年中期。Python 2.7 的终止日期最初定于 2015 年。但是由于担心大量现有的开发代码和第三方库无法及时地移植到 Python 3，因此推迟到 2020 年。可以在 https://www.python.org/dev/peps/pep-0373/的 PEP 373 页面上了解它。官方已不再正式支持 Python 2。Python 的 Wiki 页面 https://wiki.python.org/moin/Python2orPython 3 介绍，Python 2.x 是旧版，Python 3.x 是该语言的现在和将来。

还可以访问 https://python3statement.org/查看在 2020 年 1 月 1 日之后，哪些项目将只支持 Python 3。其他第三方机构可为上述 Python 2 网页中列出的项目提供有偿支持。许多第三方项目已经停止支持任何 Python 2.x。如果您工作的机构仍然拥有用 Python 2 编写的重要代码库，那么现在是开始逐步将所有代码迁移到 Python 3 的最佳时机。有许多工具和实用程序可用于将 Python 2 代码迁移到 Python 3。这些实用程序不在本书的讨论范围之内。

4.3　Python 编程语言的功能和优点

Python 是一种广泛使用的编程语言。以下是 Python 编程语言的功能和优点。

- 易于学习和阅读。用 Python 编写的代码遵循缩进规则，学习 Python 编程非常容易。因此，当前程序员正在以 Python 作为其第一门编程语言进行学习。

- 跨平台语言和可移植性。Python 解释器可用于所有主要的 OS 平台，包括 Windows、UNIX、Linux、Android 和 Mac。另外，在一个平台上编写的程序除了平台特定的功能外，大多数可移植。

- 免费和开源。Python 可以免费使用，并且其代码是开源的。这就是有很多 Python 解释器的原因。

- 面向对象。Python 是一种面向对象的编程语言。它具有许多现代的面向对象特性，例如模块、类、对象和异常处理。

- 大型标准库。作为 Python "内置电池"的理念的一部分，它附带了一个非常大的标准库，可以帮助程序员完成与日常编程相关的各种任务。

- 大量的第三方库。Python 还拥有大量第三方开发的库。Python Package Index 是 Python 支持的所有这些库的存储库，可以方便地下载和安装。

- GUI 编程语言。Python 有许多用于 GUI 编程的库。GUI 库的示例有 Kivy、PyQT、Tkinter、PyGUI、WxPython 和 PySide。

- 解释。Python 编程语言经过解释使程序员可以轻松调试和学习编程。

- 可扩展。Python 易于用 C、C++ 和 Java 扩展。在大型编程项目中，用 C 或 C++ 编写重要或关键代码并与 Python 连接是很常见的。

- 动态类型。在动态类型语言中，名称在执行时绑定到对象。Python 遵循这一点，因此它是动态类型化的编程语言。在 Python 中，可以将任何值赋值给变量，而不必声明变量的类型。
- 交互模式。Python 具有解释器/交互模式，这对初学者和调试非常有用。有许多第三方工具，例如 Jupyter，允许在 Web 浏览器中进行交互编程，这使协作变得容易。

4.4 IDLE 和 Hello World!

集成开发和学习环境（IDLE）是 Python 软件基金会提供的 Python 解释器附带的 IDE，第 3 章已经学习了如何在 Windows 上安装。在本节中，将了解如何使用 IDE，并学习如何编写和执行常规的 Hello World! 程序。

在 Windows 搜索栏中搜索 IDLE 或 Python，显示 IDLE 程序，如图 4.1 所示。

图 4.1　启动 IDLE

启动 Python IDLE shell(解释器),如图 4.2 所示。

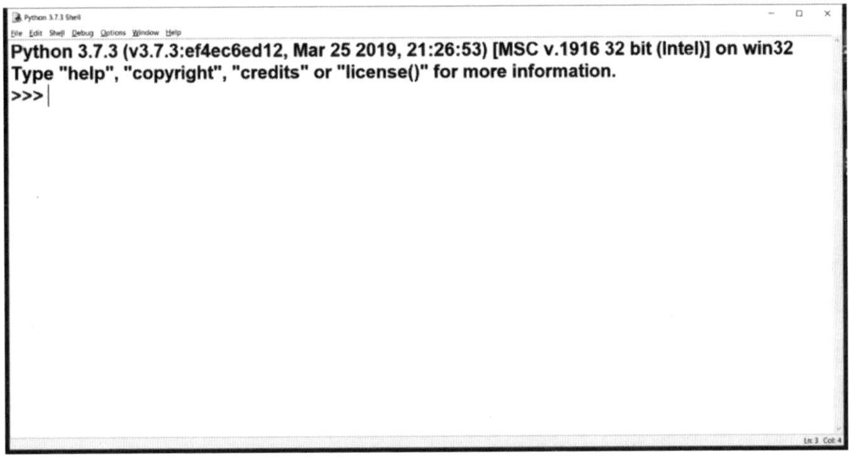

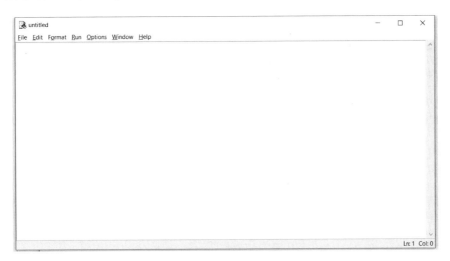

图 4.2 Python IDLE shell/解释器

稍后将看到如何使用该解释器。单击 File→New File 选项,将打开用于编写和执行 Python 程序的编辑器,如图 4.3 所示。

图 4.3 Python IDLE 代码编辑器

在编辑器中输入以下代码并将其保存在磁盘中。

```
print("Hello World!")
```

编辑器如图 4.4 所示。

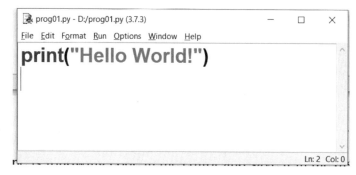

图 4.4　Hello World!

现在，如果单击 Run→Run Module 选项或直接按 F5 键，将执行程序，并在 Python shell 或解释器中显示该程序执行的输出。输出内容如图 4.5 所示。

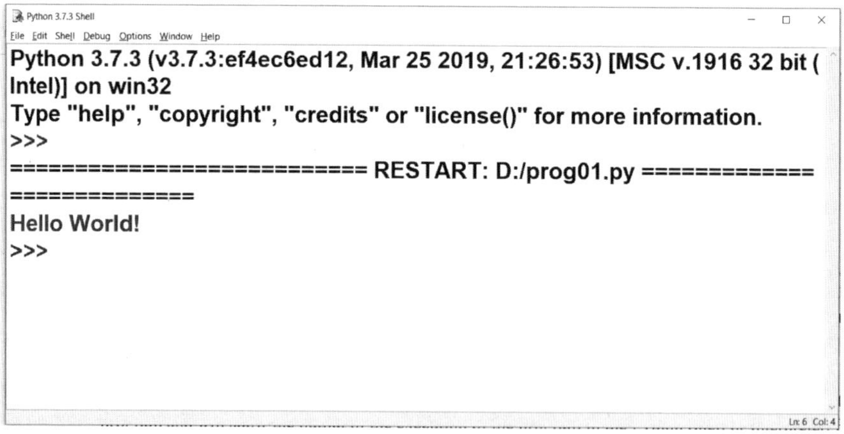

图 4.5　Hello World! 在 shell 中的输出

这就是在 Windows 中编写和运行 Python 程序的方式。

可以在命令提示符窗口中运行该程序。打开 Windows 命令提示符窗口，并使用以下命令运行 Python 程序。

```
python prog01.py
```

如果程序 prog01.py 与运行的程序不在同一个目录,则需要提供该程序的绝对路径。一旦运行此命令,该程序将由 Python 3 解释器运行。输出如图 4.6 所示。

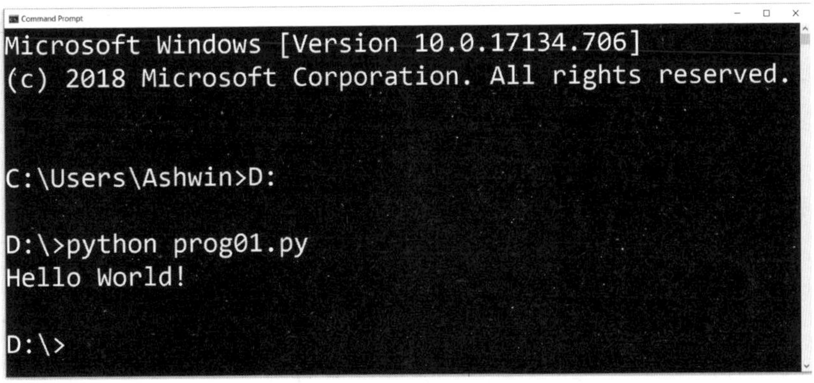

图 4.6　Python 程序在 Windows 命令提示符窗口中的输出

使用 IDLE 编写 Python 程序不是强制性的。甚至可以使用更简单的文本编辑器,例如记事本或写字板。

4.5　Python 解释器模式

此前,介绍了如何编写 Python 程序,并使用解释器运行该程序。这就是脚本模式。在此模式下,预先准备好整个程序,然后将其提供给解释器,逐个执行所有语句以便查看输出。

还有另一种执行 Python 语句的方法,称为解释器模式。可以通过在命令提示符窗口中输入 python 或打开 IDLE 调用 Python 的解释器。在解释器模式下,必须逐条输入语句,然后一次执行一条语句或一段代码块,就像命令提示符命令一样。这使初学者可以轻松地调试程序,并更快地学习 Python 编程。在命令提示符窗口和 IDLE 中打开 Python 3 解释器,并通过运行以下两条语句进行练习。

```
>>> print("Hello World!")
Hello World!
>>> 1 + 1
2
```

除非使用 Jupyter Notebook,否则无法保存、重新打开 Python 文件以及执行其中所有语句。在第 5 章中将详细介绍 Jupyter Notebook。

4.6　Raspbian OS 上的 Python

Raspbian OS 是为树莓派量身定制的 Debian Linux 系统发行版的变体。默认情况下,几乎所有最新的 Linux 发行版都同时安装了 Python 2 和 Python 3 的解释器。在终端中运行 python 命令将调用 Python 2 解释器,运行 python3 命令将调用 Python 3 解释器。调用 IDLE 有两种方式。一种方法是在终端中运行命令 idle3,可以在 Raspbian 任务栏中找到终端程序,如图 4.7 所示。

图 4.7　任务栏中的终端图标

另一种方法是从 Raspbian 菜单的 Programming 中打开它,如图 4.8 所示。

使用 IDLE 创建并运行一个 Hello World! 程序。运行以下命令从终端运行程序。

```
python3 prog01.py
```

图 4.8　Programming 部分的 Python 3 IDLE

还有一种从终端运行 Python 程序的方法。使用以下代码创建一个 Python 文件。

```
#!/usr/bin/python3
print("Hello World!")
```

上述代码中的第一行给出 Raspbian OS 中 Python 3 解释器的路径。#!被称为 shebang,用于将解释器的路径传递给运行脚本的 shell 程序。保存程序后,在终端中使用以下命令更改权限。

```
chmod 755 prog01.py
```

将文件的权限更改为所有者可执行。现在,可以通过在终端上执行以下命令直接运行该程序。

```
./prog01.py
```

输出将显示在命令提示符窗口上。这就是在 Linux 的命令提示符窗口下运行 Python 程序的方式。

4.7　Raspbian 中的其他编辑器

Raspbian OS 中预装了 Geany 和 Thonny 代码编辑器，可以在这些编辑器上运行 Python 3 程序。可以在 Raspbian 菜单的 Programming 部分找到这两个编辑器。Geany 是一种流行的编辑器，可以运行 Python 2 和 Python 3 程序。在 Geany 编辑器菜单栏的 Build 菜单的 Set Build Commands 菜单选项中，可以将其设置为运行程序的解释器，如图 4.9 所示。

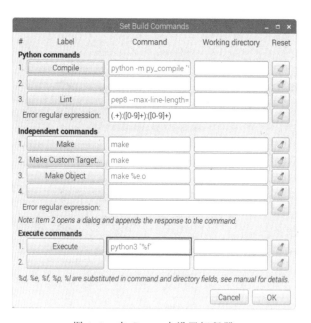

图 4.9　在 Geany 中设置解释器

图 4.9 中，突出显示的文本框被用于设置程序的 Python 解释器。运行 Python 3 程序时，请确保其值为 python3 "%f"，如图 4.9 所示。

另外，在 Thonny 编辑器的 Tools 菜单的 Options 选项中，可以使用 Interpreter 选项卡中的下拉菜单更改解释器，如图 4.10 所示。

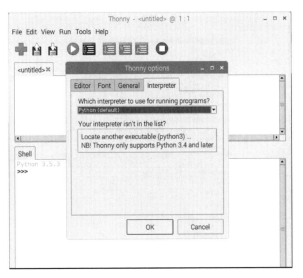

图 4.10　在 Thonny 中设置解释器

另外,Raspbian 中还有一些非 IDE 代码编辑器(如 leafpad 和 vi)可用于编写 Python 程序。

4.8　小结

在本章中,介绍了 Python 的历史、为何继续使用 Python 3、如何编写简单的 Python 3 程序以及如何在不同的平台上运行。在下一章中,将探讨用于 Python 编程的科学 Python 生态系统、pip 和 Jupyter Notebook。

练习

请探索本章中提到的所有 URL。

第 5 章
科学 Python 生态系统简介

第 4 章中，学习了 Python 3 的历史和基础知识，还在 Windows 计算机和树莓派 Raspbian OS 上运行了第一个 Python 程序。

本章将学习科学 Python 生态系统的基础知识，并详细了解 PyPI 和 pip，以及学习如何使用 Jupyter Notebook 和 IPython 进行交互编程。

5.1 Python 包索引（PyPI）和 pip

Python 附带了一个庞大的库，可以满足许多编程需求。但是，Python 的内置函数库中许多高级功能和数据结构不可用，因此存在第三方库项目可用。其中很多项目都可以在 PyPI 中找到。可以通过 https://pypi.org/访问 PyPI。其主页上介绍了 PyPI 是 Python 编程语言的软件库。

可以使用名为 pip 的命令行实用程序安装 PyPI 上托管的 Python 软件包和软件库。pip 代表 pip install packages 或 pip installs python。它是一个递归的首字母缩略词，在扩展时会包含自身。对于 Python 3，有 pip3 命令，可以在 Windows 或树莓派上运行它。它包含了 Python 3 的所有发行版，因此不必单独安装。

使用以下命令查看当前 Python 3 环境中安装的软件包列表。

```
pip3 list
```

使用以下命令在 PyPI 中搜索特定的软件包。

```
pip3 search numpy
```

使用以下命令从 PyPI 中安装特定的软件包。

```
pip3 install numpy
```

使用以下命令从计算机中卸载特定的软件包。

```
pip3 uninstall numpy
```

如果在树莓派上运行命令时遇到权限问题，则必须在命令前面加 sudo。

5.2　科学 Python 生态系统

科学 Python 生态系统由 SciPy 和相关项目主导，首先详细了解 SciPy。

SciPy 代表科学 Python，是一个用于数学、科学和工程的基于 Python 的开源软件生态系统。可以在 https://www.scipy.org/中了解更多细节。SciPy 有许多不同但相关的、协作开发的库，以下是其核心库。

- NumPy。NumPy 是使用 Python 进行科学计算的基本软件包。科学 Python 生态系统中的几乎所有其他库都使用 NumPy 的 Ndarray 数据结构。我们将在后面的章节中详细介绍 NumPy。访问 http://www.numpy.org/可以获取详细信息。

- SciPy 库。SciPy 库是构成 SciPy 堆栈的核心软件包之一。它提供了许多用户友好和高效的数值例程,如数值积分和优化例程。可以在 https://www.scipy.org/scipylib/index.html 上找到有关它的详细信息。

- Matplotlib。它是 Python 中的 2D 绘图库,用于创建出版品质的可视化图像。它可以创建科学数据的 2D 和 3D 可视化图像,在 https://matplotlib.org/ 上可以找到有关它的详细信息。本书中有专门章节介绍 Matplotlib。

- SymPy。它是一个用于符号计算的库。访问 https://www.sympy.org/en/index.html 可以获取详细信息。

- Pandas。Pandas 是一个开源、BSD 授权的软件库,提供高性能、易于使用的数据结构和数据分析工具。可以在 http://pandas.pydata.org/ 上找到有关 Pandas 的更多信息。Pandas 主要用于数据科学计算和可视化图像。

- IPython。IPython 为 Python 提供了交互式计算环境。将在本章详细讨论 IPython。访问 http://ipython.org/ 可以获取详细信息。

5.3 IPython 和 Jupyter

IPython 是一个用于 Python 的交互式计算工具,可以在命令提示符窗口以及浏览器中运行。IPython 仅支持 Python 语言。但是,由于它的许多功能(如 Notebook 和 NoteBook 服务器)非常吸引人,因此 IPython 演变成另一个相关的项目,称为 Jupyter。Jupyter 支持许多其他编程语言。IPython 仍在 Jupyter 项目中提供 Python 内核。可以在 https://jupyter.org/ 上找到有关 Jupyter 项目的详细信息。本书将使用 Jupyter 编写所有编程示例。在 Windows 命令提示符窗口中运行以下命令。

```
pip3 install jupyter
```

该命令将在 Windows 计算机上安装 Jupyter。

要在树莓派上安装 Jupyter,请在终端中依次运行以下命令。

```
sudo pip3 uninstall ipykernel
sudo pip3 install ipykernel == 4.8.0
sudo pip3 install jupyter
sudo pip3 install prompt - toolkit == 2.0.5
```

这将在树莓派上安装所有依赖项的正确版本。

安装 Jupyter Notebook 后,可以通过在 Windows 命令提示符窗口或树莓派终端上运行以下命令启动它。

```
jupyter notebook
```

运行 Jupyter Notebook 时,它将在命令提示符窗口启动一个 Notebook 服务器,并在计算机默认的 Web 浏览器上启动一个 Jupyter Notebook 的实例,如图 5.1 所示。

图 5.1　Jupyter 实例

图 5.1 所示的截图提供了一个 Jupyter 的实例。可以从在命令提示符窗口中启动 Jupyter 的目录中看到文件和文件夹,并将该目录视为当

前实例的根目录。

同样地，在命令提示符窗口中，它将显示 Jupyter 的执行日志。可以在该日志中找到以下字符。

```
Copy/paste this URL into your browser when you connect for the first time, to
login with a token:
http:// localhost:8888/?token = e7f8818e7673d0d4dbd46f7376e8b4bb1a07aebc91e6a64c
```

在上面的日志中，可以找到包含当前会话令牌的 URL。如果要使用其他浏览器登录 Jupyter Notebook，则可以直接使用该 URL。

也可以在浏览器的地址栏中搜索 http://localhost:8888/。在这种情况下，需要从执行日志中复制并粘贴令牌（上述日志中 token＝之后的字符串），然后单击 Log in 按钮，如图 5.2 所示。

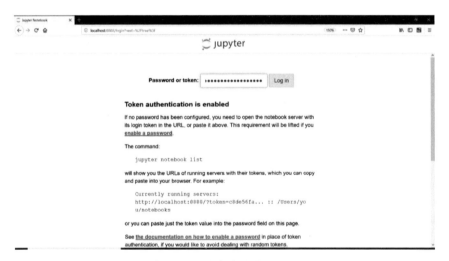

图 5.2　通过令牌登录 Jupyter

像先前的实例一样，这将启动一个 Jupyter 的实例。

下面介绍如何将其用于 Python 3 编程。单击右上角的 New 按钮，会显示一个下拉列表，其中列出了 Windows 计算机或树莓派上安装的各种编程语言。它通过引用系统中的 PATH 变量检测 Python 解释器，如图 5.3 所示。

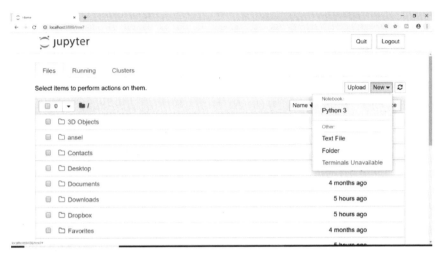

图 5.3　新的 Python 3 Notebook

　　它将启动适用 Python 的 Jupyter Notebook。默认情况下,它是无标题的。另外,将在命令提示符窗口中启动的 Jupyter Notebook 的当前目录中创建一个对应的文件 Untitled.ipynb。还可以选择创建新目录和文本文件。如果要将 Notebook 合并到一个目录中,则可能要创建一个新目录,并在其中创建 Notebook。以下是 Notebook 的截图,如图 5.4 所示。

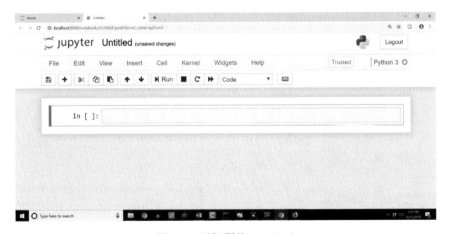

图 5.4　无标题的 Notebook

双击 Notebook 的名称（在本例中为 Untitled），将弹出一个窗口，可以在其中添加新名称，如图 5.5 所示。

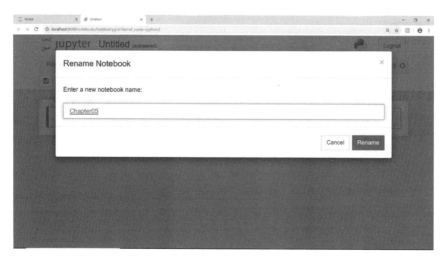

图 5.5　更改 Notebook 名称

单击 Rename 按钮后，它将更改 Notebook 以及文件系统中相应的 ipynb 文件的名称。对于本书，为每一章创建一个 Notebook，并且所有这些 Notebook 将在配套源代码包中提供。如果要使用其中任何一个 Notebook，只需要将其复制到计算机或树莓派的目录中，然后在 Windows 命令提示符窗口或树莓派终端中，从该目录启动 Jupyter Notebook。启动后，复制的所有 ipynb 文件将在 Jupyter Notebook 中显示为列表。

下面开始使用 Notebook。首先了解本书中将要使用的所有重要特性。这些是 Jupyter Notebook 最重要的特性，任何初学者都会发现它们非常有用。在工具栏中，如果单击下拉列表，将显示四个选项。第一个是 Code，第二个是 Markdown，如图 5.6 所示。

Jupyter Notebook 具有不同类型的单元格。例如，我们可能希望有一个单元格用于代码，而另一个单元格用于说明代码段用法的标题。对于标题，使用富文本格式。它由 Markdown 实现，Markdown 是一种轻量

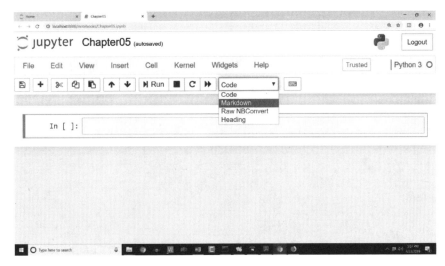

图 5.6 工具栏下拉选项

级的标记语言,具有纯文本格式语法。从工具栏中选择 Markdown 时,它
将当前单元格转换为 Markdown 单元格,可以在其中添加带有
Markdown 的富文本。从工具栏中选择 Markdown 之后,将以下代码添
加到当前单元格中。

```
# Hello World! Program
```

然后,单击工具栏中的 Run 按钮。Jupyter Notebook 将当前语句解
释为一个 Markdown,并以 H1 样式标题阅读,如图 5.7 所示。

这样,就可以在 Jupyter Notebook 中引入具有富文本内容的单元格。
Markdown 语法超出了本书的范围,因为仅用于标题和子标题。如果想使
用 Markdown 的其他功能,只需要访问维基百科和 https://daringfireball.
net/projects/markdown/。

一旦使用 Run 按钮执行了当前单元格的内容,除了渲染输出之外,
Jupyter Notebook 会创建一个新的单元格并将光标设置在那里。默认情
况下,所有新单元格的类型均为 Code。现在,在 Python 3 代码的新单元
格中输入以下命令。

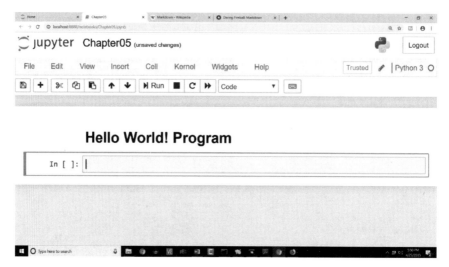

图 5.7　带 Markdown 的 H1 标题

```
print("Hello World!")
```

然后运行单元格,将其解释为 Python 语句,并显示如图 5.8 所示的输出。

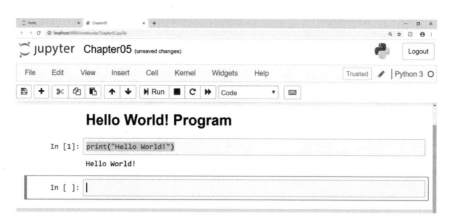

图 5.8　Python 3 代码的输出

这样,Jupyter Notebook 可以包含 Markdown 类型和 Code 类型的单元格,这使我们能够拥有多种输出类型以及作为同一 Notebook 的部分代码。Jupyter Notebook 的另一个重要特性是可以重新编辑已经执行过的单元格，然后再次执行重新编辑的代码。这使我们可以根据需要编辑代码单元。

下面介绍工具栏上的其他选项。最左侧的为保存按钮，与其相邻的按钮（带有＋号）将在当前高亮显示的单元格之后立即创建一个新单元格，并将光标设置在此处。如果要在现有单元格之间添加新单元格，此功能非常有用。接着有一组用于剪切、复制和粘贴操作的按钮。之后，有两个按钮（向上和向下箭头），用来向上和向下移动当前单元格的位置。最后，有一组与单元格执行相关的按钮。第一个按钮是 Run；第二个按钮（实心方形）用于中断内核，如果单元格正在执行，则会导致执行的中断；第三个按钮用于重启内核；第四个按钮用于重启内核并重新运行整个 Notebook。

下面介绍工具栏上方菜单栏中最常用的选项。大多数菜单项都与任何一个其他文本或代码编辑器中提供的选项相似。此处将讨论用于立即清除整个 Notebook 执行的输出的菜单选项。在 Cell 菜单项中的 All Output 选项下，单击 Clear 选项，将清除整个 Notebook 的执行输出，如图 5.9 所示。

这样，就可以将 Jupyter Notebook 用于 Python 编程，还可以在 Notebook 中显示可视化图像，这将在第 6 章中介绍。

5.4　小结

本章简要介绍科学 Python 生态系统，还学习了 Python 的 PyPI 和 pip。然后，了解如何使用 Jupyter Notebook 程序创建交互式 Notebook。Jupyter 是进行协作的重要工具，可以通过代码示例向他人实时解释自己的想法，然后与参与者共享包含代码、富文本格式和可视化图像的 Jupyter Notebook。因此，Jupyter Notebook 在使用 Python 3 编程进行

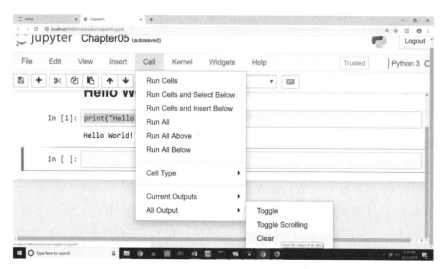

图 5.9　清除整个 Notebook 的执行输出

科学计算的学术机构、研究组织和技术型组织中是非常有用的工具。

在第 6 章中，将详细介绍 NumPy，还将对 Matplotlib 库进行非常简短的介绍。

练习

请浏览本章介绍的所有 URL，并浏览 Jupyter Notebook 菜单栏中的其余选项。

第 6 章
NumPy 和 Matplotlib 简介

第 5 章介绍了 pip 程序、Python 软件包索引、科学 Python 生态系统及其核心成员,还介绍了 Jupyter Notebook 的 Python 编程。本章将详细介绍 NumPy 和 Ndarray 数据结构的基础知识。此外,提供创建和修改 NumPy Ndarray 的例程,同时将介绍绘图库 Matplotlib,并展示它的一些代码示例。

6.1　NumPy 简介

www. numpy. org 介绍 NumPy 是使用 Python 进行科学计算的基本软件包。以下是 NumPy 的优点。
- 强大的 N 维数组对象,称为 Ndarray。
- 复杂的 Ndarray 创建和操作功能。
- 实用的线性代数、傅立叶变换和随机数函数。

6.1.1　Ndarray

Ndarray(或 N-d array)是 NumPy 中的多维数据结构。实际上,它是科学 Python 中最重要的数据结构,因为科学 Python 堆栈中的所有其他库和数据结构都使用某种形式的 NumPy Ndarray 表示数据。

Ndarray 中的所有数据项都具有相同的大小和类型。就像 Python 中的其他容器一样,可以通过下标访问 Ndarray 并对其进行切片。在本章中将详细介绍这些操作。

6.1.2　NumPy 和 Matplotlib 的安装

下面介绍如何在 Windows 和树莓派 Raspbian OS 上安装 NumPy 和 Matplotlib。

要在 Windows 上同时安装两者,需要在命令提示符窗口中运行以下命令。

```
pip3 install numpy
pip3 install matplotlib
```

Raspbian OS 自带 NumPy。只需要在终端中使用以下命令更新它。

```
sudo pip3 install -- upgrade numpy
```

因为 Raspbian OS 中并未自带 Matplotlib,需要进行安装,命令如下所示。

```
sudo pip3 install matplotlib
```

一般来说,要在 Linux 上安装 NumPy,需要在终端中使用以下命令。

```
sudo pip3 install numpy
```

6.2　开始 NumPy 编程

下面开始使用 NumPy 编写代码,将使用之前提到的 Jupyter

Notebook 进行编写。打开命令提示符窗口,使用以下命令运行 Jupyter。

```
jupyter notebook
```

选择一个文件名并保存 Notebook。输入并运行以下语句,为 Notebook 的当前会话导入 NumPy 库。

```
import numpy as np
```

以下语句创建一维 Ndarray。

```
x = np.array([1, 2, 3], np.int16)
```

在上面的代码中,函数调用传递的参数创建 Ndarray。第一个参数是具有数据的列表,第二个参数是 Ndarray 各个元素的数据类型。NumPy 有很多数据类型,具体如表 6-1 所示。

表 6-1　**NumPy 数据类型**

np. bool	np. int_	np. longdouble	np. int64	np. float32
np. byte	np. uint	np. csingle	np. uint8	np. float64
np. ubyte	np. longlong	np. cdouble	np. uint16	np. complex64
np. short	np. ulonglong	np. clongdouble	np. uint32	np. complex128
np. ushort	np. half	np. int8	np. uint64	np. float_
np. intc	np. single	np. int16	np. intp	np. complex_
np. uintc	np. double	np. int32	np. uintp	np. float16

在 https://www. numpy. org/devdocs/user/basics. types. html 上可以找到有关数据类型的详细信息。运行以下语句。

```
print(x)
print(type(x))
```

第一条语句将打印 Ndarray。第二条语句将打印对象的类型。输出如下。

```
[1 2 3]
<class 'numpy.ndarray'>
```

Ndarray 遵循 C 样式下标,其中第一个元素存储在位置 0,第 n 个元素存储在位置 $n-1$。我们可以访问 Ndarray 的各个成员,代码如下所示。

```
print(x[0])
print(x[1])
print(x[2])
```

以下语句输出 Ndarray 中的最后一个元素。

```
print(x[-1])
```

但是,当下标超过 $n-1$ 时,Python 解释器将抛出错误。

```
print(x[3])
```

上面的语句引发了以下异常。

```
IndexError: index 3 is out of bounds for axis 0 with size 3
```

还可以创建一个二维 Ndarray,代码如下所示。

```
x = np.array([[1, 2, 3], [4, 5, 6]], np.int16)
print(x)
```

这将创建一个如下二维数组。

```
[[1 2 3]
 [4 5 6]]
```

访问 Ndarray 的各个元素,代码如下所示。

```
print(x[0, 0])
print(x[0, 1])
print(x[0, 2])
```

通过对 Ndarray 切片访问整列,代码如下所示。

```
print(x[:, 0])
```

```
print(x[:, 1])
print(x[:, 2])
```

以下是上面语句的对应输出。

```
[1 4]
[2 5]
[3 6]
```

通过对 Ndarray 切片访问整行，代码如下所示。

```
print(x[0, :])
print(x[1, :])
```

以下是这些语句的对应输出。

```
[1 2 3]
[4 5 6]
```

同样地，可以创建三维 Ndarray，代码如下所示。

```
x = np.array([[[1, 2, 3], [4, 5, 6]],[[0, -1, -2], [-3, -4, -5]]], np.int16)
print(x)
```

按以下方式访问三维数组的各个成员。

```
print(x [0, 0, 0])
print(x [1, 1, 2])
```

可以对三维数组切片，代码如下所示。

```
print(x[:, 1, 1])
print(x[:, :, 1])
```

6.3　Ndarray 属性

为了理解 Ndarray 的属性，将创建一个三维数组，代码如下所示。

```
x = np.array([[[1, 2, 3], [4, 5, 6]],[[0, -1, -2],[-3, -4, -5]]], np.int16)
```

```
print(x)
```

它将创建以下三维数组。

```
[[[ 1 2 3]
  [ 4 5 6]]
 [[ 0 -1 -2]
  [-3 -4 -5]]]
```

以下代码显示 NumPy Ndarray 的属性。

```
print(x.shape)
print(x.ndim)
print(x.dtype)
print(x.size)
print(x.nbytes)
```

输出如下。

```
(2, 2, 3)
3
int16
12
24
```

shape 属性返回 Ndarray 的形状。ndim 返回数组的维度。dtype 是指 Ndarray 各个成员的数据类型(而不是数组对象本身的数据类型)。size 属性返回 Ndarray 中元素的数量。nbytes 返回内存中 Ndarray 的字节数。还可以使用以下属性计算 Ndarray 的转置。

```
print(x.T)
```

6.4　Ndarray 常数

可以使用如下命令表示一些重要的抽象常数,例如正负零、无穷大和 NAN(不是数字)。

```
print(np.inf)
print(np.NAN)
print(np.NINF)
print(np.NZERO)
print(np.PZERO)
```

以下常数是重要的科学常数。

```
print(np.e)
print(np.euler_gamma)
print(np.pi)
```

可以访问 https://docs.scipy.org/doc/numpy/reference/constants.html 获取此类常数的完整列表。

6.5   Ndarray 创建例程

下面学习一些 Ndarray 数组创建例程。第一个函数为 empty(),它创建一个空的 Ndarray。

```
x = np.empty([3, 3], np.uint8)
```

上面的代码创建了一个空的 Ndarray。创建时,该数组未赋任何值。因此,它将随机值赋值给元素。

可以使用 eye() 函数创建各种大小的对角矩阵。

```
y = np.eye(5, dtype = np.uint8)
print(y)
```

输出如下。

```
[[1 0 0 0 0]
 [0 1 0 0 0]
 [0 0 1 0 0]
 [0 0 0 1 0]
 [0 0 0 0 1]]
```

还可以更改对角线的位置,代码如下所示。

```
y = np.eye(5, dtype = np.uint8, k = 1)
print(y)
```

输出如下。

```
[[0 1 0 0 0]
 [0 0 1 0 0]
 [0 0 0 1 0]
 [0 0 0 0 1]
 [0 0 0 0 0]]
```

再介绍一个例子:

```
y = np.eye(5, dtype = np.uint8, k = -1)
print(y)
```

创建一个如下所示的单位矩阵。

```
x = np.identity(5, dtype = np.uint8)
print(x)
```

创建如下所示的 Ndarray,其中所有元素均为 1。

```
x = np.ones((2, 5, 5), dtype = np.int16)
print(x)
```

同样地,可以创建如下所示的 Ndarray,其中所有元素均为 0。

```
x = np.zeros((2, 5, 5, 2), dtype = np.int16)
print(x)
```

还可以创建 Ndarray,并使用单个值填充其所有元素。

```
x = np.full((3, 3, 3), dtype = np.int16, fill_value = 5)
print(x)
```

下面介绍如何使用 tri()函数创建三角矩阵。

```
x = np.tri(3, 3, k = 0, dtype = np.uint16)
```

```
print(x)
```

输出如下。

```
[[1 0 0]
 [1 1 0]
 [1 1 1]]
```

其他例子如下。

```
x = np.tri(5, 5, k = 1, dtype = np.uint16)
print(x)
x = np.tri(5, 5, k = -1, dtype = np.uint16)
print(x)
```

运行上面的代码,然后查看输出。

还可以显式创建下三角矩阵,代码如下所示。

```
x = np.ones((5, 5), dtype = np.uint8)
y = np.tril(x, k = -1)
print(y)
```

输出如下。

```
[[0 0 0 0 0]
 [1 0 0 0 0]
 [1 1 0 0 0]
 [1 1 1 0 0]
 [1 1 1 1 0]]
```

上三角矩阵的代码如下。

```
x = np.ones((5, 5), dtype = np.uint8)
y = np.triu(x, k = 0)
print(y)
[[1 1 1 1 1]
 [0 1 1 1 1]
 [0 0 1 1 1]
 [0 0 0 1 1]
 [0 0 0 0 1]]
```

其他例子如下。

```
x = np.ones((5, 5), dtype = np.uint8)
y = np.triu(x, k = - 1)
print(y)
x = np.ones((5, 5), dtype = np.uint8)
y = np.triu(x, k = 1)
print(y)
```

6.6　Matplotlib 的 Ndarray 创建例程

Matplotlib 是科学 Python 生态系统的绘图和可视化库。Matplotlib 支持 NumPy Ndarray，并将其作为绘图例程的参数。下面将给出几个 NumPy Ndarray 创建例程和 Matplotlib 绘制例程。使用以下命令导入 Matplotlib 中的 pyplot 模块。

```
import matplotlib.pyplot as plt
```

arange() 函数创建一系列数字。它的用法如下。

```
x = np.arange(5)
print(x)
y = x
```

它创建了两个 Ndarray。以下是程序的输出。

```
[0 1 2 3 4]
```

可以用 pyplot 中的 plot() 函数绘制这两个 Ndarray。但是，在调用 plot() 函数进行可视化 Ndarray 之前，需要启用 Jupyter Notebook 实例以允许 Matplotlib 可视化。可以通过在 Jupyter Notebook 中执行以下命令完成此操作。

```
% matplotlib inline
```

加载 Matplotlib 可视化库，运行以下代码绘制 Ndarray。

```
plt.plot(x, y, 'o--')
plt.plot(x, -y, 'o-')
plt.show()
```

plot()函数调用的第一个参数是 X 轴的值列表，第二个参数是 Y 轴的值列表，第三个参数是可视化样式。它将自动创建以下输出，并将其显示在 Jupyter Notebook 中的当前单元格之后，如图 6.1 所示。

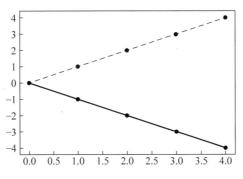

图 6.1　使用 Matplotlib 的简单图像

使用 title()函数为可视化图像添加标题。运行以下代码并查看输出。

```
plt.plot(x, y, 'o--')
plt.plot(x, -y, 'o-')
plt.title('y = x and y = -x')
plt.show()
```

与 range()函数相似，linspace()函数为一个 Ndarray 设置 Ndarray 的上限、下限和点数，代码如下所示。

```
N = 11
x = np.linspace(0, 10, N)
print(x)
y = x
```

输出如下。

```
[ 0. 1. 2. 3. 4. 5. 6. 7. 8. 9. 10. ]
```

对此进行可视化。另外，还需要去掉坐标轴。

```
plt.plot(x, y, 'o--')
plt.axis('off')
plt.show()
```

以上代码的输出是一条没有任何坐标轴的简单直线，如图 6.2 所示。

图 6.2　linspace()可视化

使用 logspace()函数生成对数数据，代码如下所示。

```
y = np.logspace(0.1, 1, N)
print(y)
plt.plot(x, y, 'o--')
plt.show()
```

输出如图 6.3 所示。

可以按如下所示的几何级数创建一个 Ndarray。

```
y = np.geomspace(0.1, 1000, N)
print(y)
plt.plot(x, y, 'o--')
plt.show()
```

输出如图 6.4 所示。

[1.25892541 1.54881662 1.90546072 2.34422882 2.8840315   3.54813389
  4.36515832 5.37031796 6.60693448 8.12830516 10.   ]

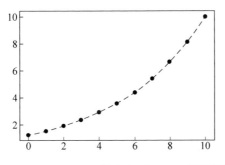

图 6.3　logspace()可视化

[1.00000000e-01 2.51188643e-01 6.30957344e-01 1.58489319e+00
 3.98107171e+00 1.00000000e+01 2.51188643e+01 6.30957344e+01
 1.58489319e+02 3.98107171e+02 1.00000000e+03]

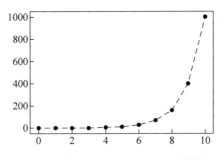

图 6.4　geomspace()可视化

6.7　随机数据生成

通过使用一些随机函数生成随机值的 Ndarray 数组。下面给出一些示例,代码如下所示。

```
x = np.random.randint( low = 0, high = 9, size = 10)
print(x)
```

randint()函数生成具有给定范围和大小的随机数 Ndarray,输出如下所示。

```
[4 5 3 6 7 6 0 2 3 0]
```

还可以使用 rand() 函数创建具有给定大小和维度的 Ndarray，示例代码如下。

```
x = np.random.rand(3, 3)
print(x)
x = np.random.rand(3, 3, 3)
print(x)
x = np.random.rand(2, 2, 2, 2, 2)
print(x)
```

运行代码，并查看输出结果。

6.8　数组操作例程

下面介绍 Ndarray 操作例程，用一维和二维 Ndarray 演示这些例程。

```
import numpy as np
x = np.arange(6)
print(x)
```

上述代码将创建一维 Ndarray，可用于改变数组形状，数组形状修改的代码如下。

```
y = x.reshape((3, 2))
print(y)
```

输出如下。

```
[[0 1]
 [2 3]
 [4 5]]
```

NumPy 库也有 reshape() 函数，使用方式如下。

```
x = np.array([[0, 1, 2], [3, 4, 5]], dtype = np.uint8)
```

```
y = np.reshape(x, 6)
print(y)
```

输出如下。

```
[0 1 2 3 4 5]
```

ravel()和 flatten()函数还可以将矩阵展平为数组,代码如下所示。

```
y = np.ravel(x)
print(y)
y = x.flatten()
print(y)
```

上面两个调用函数的输出与之前的函数输出相同。

```
[0 1 2 3 4 5]
```

将参数与 flatten()函数一起使用,以 C 型(行顺序)或 F 型(列顺序)展开,代码如下所示。

```
y = x.flatten('c')
print(y)
y = x.flatten('F')
print(y)
```

输出分别如下。

```
[0 1 2 3 4 5]
[0 3 1 4 2 5]
```

下面解释如何堆叠两个 Ndarray。首先,创建两个 Rdarray 数组。

```
x = np.array([1, 2, 3], dtype = np.uint8)
y = np.array([4, 5, 6], dtype = np.uint8)
```

堆叠这两个 Ndarray,代码如下所示。

```
z = np.stack((x, y))
print(z)
```

输出如下。

```
[[1 2 3]
 [4 5 6]]
```

也可以指定 axis（轴）。对于 n 维数组，axis 参数的值范围可以从 $-n \sim n$，代码如下所示。

```
z = np.stack((x, y), axis = 0)
print(z)
z = np.stack((x, y), axis = 1)
print(z)
z = np.stack((x, y), axis = -1)
print(z)
```

输出如下。

```
[[1 2 3]
 [4 5 6]]
[[1 4]
 [2 5]
 [3 6]]
[[1 4]
 [2 5]
 [3 6]]
```

同样地，dstack() 函数、hstack() 函数和 vstack() 函数用法如下。

```
z = np.dstack((x, y))
print(z)
z = np.hstack((x, y))
print(z)
z = np.vstack((x, y))
print(z)
```

输出分别如下，

```
[[[1 4]
  [2 5]
```

```
 [3 6]]]
[1 2 3 4 5 6]
[[1 2 3]
 [4 5 6]]
```

split()函数用法如下。

```
x = np.arange(9)
print(x)
a, b, c = np.split(x, 3)
print(a, b, c)
```

输出如下。

```
[0 1 2 3 4 5 6 7 8]
[0 1 2] [3 4 5] [6 7 8]
```

split()函数将 Ndarray 拆分为三个相等的部分。

下面介绍同一函数的其他版本。为此,将使用 4×4×4 矩阵。运行代码,并查看输出。

```
x = np.random.rand(4, 4, 4)
print(x)
y, z = np.split(x, 2)
print(y, z)
y, z = np.hsplit(x, 2)
print(y, z)
y, z = np.vsplit(x, 2)
print(y, z)
y, z = np.dsplit(x, 2)
print(y, z)
```

通过使用二维矩阵查看翻转、转动和旋转操作。

```
x = np.arange(16).reshape(4, 4)
print(x)
```

输出如下。

```
[[ 0 1 2 3]
```

```
[ 4 5 6 7]
 [ 8 9 10 11]
 [12 13 14 15]]
```

可以使用 flip() 函数翻转此 Ndarray。就像 split() 函数一样,可以使用 axis 参数。对于 n 维数组,它的范围是 $-n \sim n$。

```
y = np.flip(x, axis = -1)
print(y)
y = np.flip(x, axis = 0)
print(y)
y = np.flip(x, axis = 1)
print(y)
```

输出如下。

```
[[ 3 2 1 0]
 [ 7 6 5 4]
 [11 10 9 8]
 [15 14 13 12]]
[[12 13 14 15]
 [ 8 9 10 11]
 [ 4 5 6 7]
 [ 0 1 2 3]]
[[ 3 2 1 0]
 [ 7 6 5 4]
 [11 10 9 8]
 [15 14 13 12]]
```

分别从左到右、从上到下翻转它,代码如下所示。

```
y = np.fliplr(x)
print(y)
y = np.flipud(x)
print(y)
```

输出如下。

```
[[ 3  2  1  0]
```

```
[ 7  6  5  4]
[11 10  9  8]
[15 14 13 12]]
[[12 13 14 15]
[ 8  9 10 11]
[ 4  5  6  7]
[ 0  1  2  3]]
```

还可以转动和旋转 Ndarray,代码如下所示。

```
y = np.roll(x, 8)
print(y)
y = np.rot90(x)
print(y)
```

输出如下。

```
[[ 8 9 10 11]
[12 13 14 15]
[ 0 1 2 3]
[ 4 5 6 7]]
[[ 3 7 11 15]
[ 2 6 10 14]
[ 1 5 9 13]
[ 0 4 8 12]]
```

6.9　位运算和统计运算

用二进制值生成两个 Ndarray,然后查看位运算。

```
x = np.array([0, 1, 0, 1], np.uint8)
y = np.array([0, 0, 1, 1], np.uint8)
print(np.bitwise_and(x, y))
print(np.bitwise_or(x, y))
print(np.bitwise_xor(x, y))
print(np.bitwise_not(x))
```

输出如下。

```
[ 0 0 0 1 ]
[ 0 1 1 1 ]
[ 0 1 1 0 ]
[ 255 254 255 254 ]
```

还可以使用各种统计函数。运行下面的代码，并查看输出。

```
a = np. random. randint( low = 0, high = 10, size = 10)
print(np. median(a))
print(np. average(a))
print(np. mean(a))
print(np. std(a))
print(np. var(a))
print(np. histogram(a))
```

6.10　小结

本章介绍了 NumPy 和 Ndarray，学习了 Matplotlib 的基础知识，并详细了解了 Ndarray 的创建和操作例程。第 7 章将详细学习 Matplotlib。

练习

访问本章中的所有 URL。另外，本章主要解释了二维数组的所有函数的演示。尝试使用三维或更多维数组作为输入，并查看函数输出。

第 7 章
利用 Matplotlib 进行可视化

在第 6 章中,开始进入编程,详细学习了 NumPy 和 Ndarray 数据结构,然后学习了使用 NumPy 的 Ndarray 创建和操作例程,还学习了使用 Matplotlib 库的基本可视化功能。

本章将学习如何使用 Matplotlib 进行图形绘制。

7.1 单线图

下面从简单的可视化绘图类型开始。首先,将学习如何使用 Matplotlib 绘制列表。我们为每一章都创建了一个新的 Jupyter Notebook。并且,所有这些 Notebook 代码文件电脑都可以从本书配套源代码包中获得。将以下代码添加到 Notebook 文件中。

```
% matplotlib inline
import matplotlib.pyplot as plt
x = [1, 4, 5, 2, 3, 6]
plt.plot(x)
plt.show()
```

在上面的代码中,使用了 Matplotlib 的 pyplot 包中的 plt.plot()函

数绘制给定值。plt.show()函数显示所有由 plt.plot()函数创建的图像。输出如图 7.1 所示。

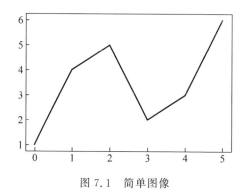

图 7.1　简单图像

还可以将 NumPy Ndarray 传递给 plot()函数,代码如下所示。

```
import numpy as np
x = np.arange(10)
plt.plot(x)
plt.show()
```

输出如图 7.2 所示。

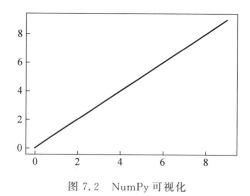

图 7.2　NumPy 可视化

还可以为 X 轴和 Y 轴传递一对参数,代码如下所示。

```
plt.plot(x, [y ** 2 for y in x])
plt.show()
```

输出如图 7.3 所示。

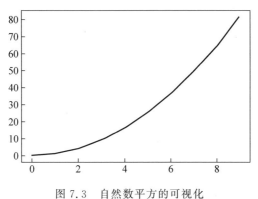

图 7.3　自然数平方的可视化

可以将上面的代码简写为：

```
plt.plot(x, x ** 2)
plt.show()
```

输出是相同的。

7.2　多线图

可以在同一 Matplotlib 窗口中显示多张图。每张图只需要使用一个 plot()函数，代码如下所示。

```
% matplotlib inline
import numpy as np
import matplotlib.pyplot as plt
x = np.arange(10)
plt.plot(x, x ** 2)
plt.plot(x, x ** 3)
plt.plot(x, x * 2)
plt.plot(x, 2 ** x)
plt.show()
```

输出如图 7.4 所示。

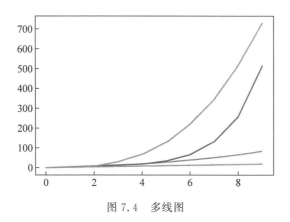

图 7.4　多线图

如图 7.4 所示，Matplotlib 自动为不同的图像分配不同的颜色。可以通过一个 plot()函数调用完成相同的操作，代码如下所示。

```
plt.plot(x, x ** 2, x, x ** 3, x, x * 2, x, 2 ** x)
plt.show()
```

上面代码的输出与前面代码示例的输出相同。

可以将 NumPy Ndarray 用于多线图，代码如下所示。

```
x = np.array([[1, 2, 6, 3], [4, 5, 3, 2]])
plt.plot(x)
plt.show()
```

输出如图 7.5 所示。

也可以使用随机数绘制多线图，代码如下所示。

```
data = np.random.randn(2, 10)
print(data)
plt.plot(data[0],data[1])
plt.show()
```

输出如图 7.6 所示。

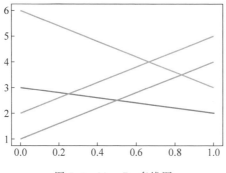

图 7.5　NumPy 多线图

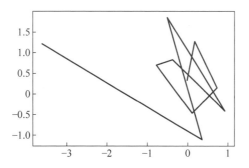

图 7.6　具有 NumPy 随机数的多线图

7.3　网格、轴和标签

前面已经介绍了带有默认设置的纯图形。本节将了解如何启用网格、更改轴、添加标签和图例,启用网格的代码如下所示。

```
% matplotlib inline
import numpy as np
import matplotlib.pyplot as plt
x = np.arange(3)
plt.plot(x, x ** 2, x, x ** 3, x, 2 * x, x, 2 ** x)
plt.grid(True)
print(plt.axis())
plt.show()
```

上面的程序在可视化图像中启用网格。语句 plt. axis() 返回 X 轴和 Y 轴的极限值,输出如图 7.7 所示。

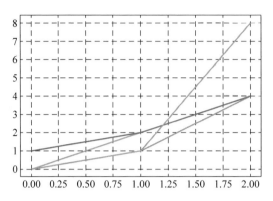

图 7.7　启用网格并打印 X 轴和 Y 轴的极限值

另外,可以使用 plt. axis() 函数调用设置 X 轴和 Y 轴的范围,以下是代码示例。

```
x = np. arange(3)
plt. plot(x, x ** 2, x, x ** 3, x, 2 * x, x, 2 ** x)
plt. grid(True)
plt. axis([0, 2, 0, 8])
plt. show()
```

输出如图 7.8 所示。

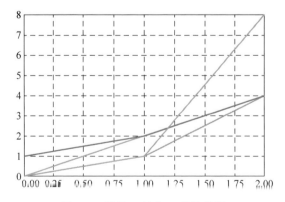

图 7.8　设置 X 轴和 Y 轴的范围

还可以使用 plt.xlim()函数和 plt.ylim()函数分别设置 X 轴和 Y 轴的范围,代码如下所示。

```
x = np.arange(3)
plt.plot(x, x ** 2, x, x ** 3, x, 2 * x, x, 2 ** x)
plt.grid(True)
plt.xlim([0, 2])
plt.ylim([0, 8])
plt.show()
```

上面代码的输出与前面代码示例的输出相同。

可以设置 X 轴和 Y 轴的标签以及可视化图像的标题,代码如下所示。

```
x = np.arange(3)
plt.plot(x, x ** 2, x, x ** 3, x, 2 * x, x, 2 ** x)
plt.grid(True)
plt.xlabel('x = np.arange(3)')
plt.xlim([0, 2])
plt.ylabel('y = f(x)')
plt.ylim([0, 8])
plt.title('Simple Plot Demo')
plt.show()
```

输出如图 7.9 所示。

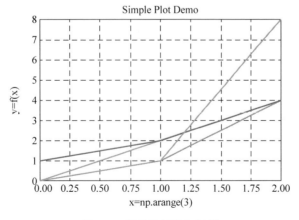

图 7.9　设置轴标签和标题

可以通过在 plot()函数调用中添加 label 参数在可视化图像中添加图例,代码如下所示。

```
x = np.arange(3)
plt.plot(x, x ** 2, label = 'x ** 2')
plt.plot(x, x ** 3, label = 'x ** 3')
plt.plot(x, 2 * x, label = '2 * x')
plt.plot(x, 2 ** x, label = '2 ** x')
plt.legend()
plt.grid(True)
plt.xlabel('x = np.arange(3)')
plt.xlim([0, 2])
plt.ylabel('y = f(x)')
plt.ylim([0, 8])
plt.title('Simple Plot Demo')
plt.show()
```

输出如图 7.10 所示,可以在默认位置(左上角)看到图例。

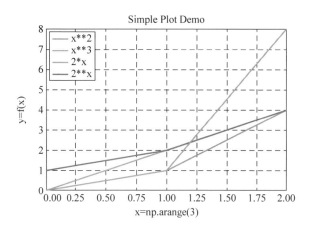

图 7.10　添加图例

也可以使用 plt.legend()函数定义图例,代码如下所示。

```
x = np.arange(3)
plt.plot(x, x ** 2, x, x ** 3, x, 2 * x, x, 2 ** x)
plt.legend(['x ** 2', 'x ** 3', '2 * x', '2 ** x'])
```

```
plt.grid(True)
plt.xlabel('x = np.arange(3)')
plt.xlim([0, 2])
plt.ylabel('y = f(x)')
plt.ylim([0, 8])
plt.title('Simple Plot Demo')
plt.show()
```

上面代码的输出与前面代码示例的输出相同。

还可以通过将 loc 参数添加到 plt.legend() 函数设置图例框的位置，代码如下所示。

```
x = np.arange(3)
plt.plot(x, x ** 2, x, x ** 3, x, 2 * x, x, 2 ** x)
plt.legend(['x ** 2', 'x ** 3', '2 * x', '2 ** x'], loc = 'upper center')
plt.grid(True)
plt.xlabel('x = np.arange(3)')
plt.xlim([0, 2])
plt.ylabel('y = f(x)')
plt.ylim([0, 8])
plt.title('Simple Plot Demo')
plt.show()
```

输出如图 7.11 所示。

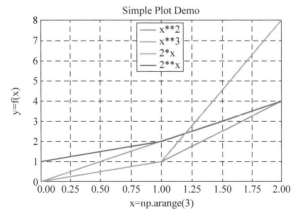

图 7.11　图例框在中间

还可以使用 plt.savefig()保存图形,代码如下所示。

```
x = np.arange(3)
plt.plot(x, x ** 2, x, x ** 3, x, 2 * x, x, 2 ** x)
plt.legend(['x ** 2', 'x ** 3', '2 * x', '2 ** x'], loc = 'upper center')
plt.grid(True)
plt.xlabel('x = np.arange(3)')
plt.xlim([0, 2])
plt.ylabel('y = f(x)')
plt.ylim([0, 8])
plt.title('Simple Plot Demo')
plt.savefig('test.png')
plt.show()
```

执行上面的代码时,将在命令提示符窗口下,从启动 Jupyter Notebook 的目录中保存输出可视化图像。

7.4　颜色、样式和标记

可以设置很多种颜色。下面介绍如何绘制不同颜色的线条,代码如下所示。

```
% matplotlib inline
import matplotlib.pyplot as plt
import numpy as np
x = np.arange(5)
y = x
plt.plot(x, y + 1, 'g')
plt.plot(x, y + 0.5, 'y')
plt.plot(x, y, 'r')
plt.plot(x, y - 0.2, 'c')
plt.plot(x, y - 0.4, 'k')
plt.plot(x, y - 0.6, 'm')
plt.plot(x, y - 0.8, 'w')
```

```
plt.plot(x, y - 1, 'b')
plt.show()
```

上面的代码绘制了各种颜色的平行线,如图 7.12 所示。

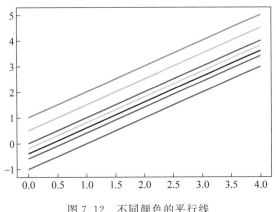

图 7.12　不同颜色的平行线

也可以通过一个 plt.plot()函数调用达到相同的结果,代码如下所示。

```
plt.plot(x, y + 1, 'g', x, y + 0.5, 'y', x, y, 'r', x, y - 0.2, 'c', x, y - 0.4, 'k',
x, y - 0.6, 'm', x, y - 0.8, 'w', x, y - 1, 'b')
plt.show()
```

上面代码的输出与前面代码示例的输出相同。

到目前为止,大多数情况下,我们一直在使用默认的线条样式。下面将看到不同的线条样式,代码如下所示。

```
plt.plot(x, y, '-', x, y + 1, '--', x, y + 2, '-.', x, y + 3, ':')
plt.show()
```

上面的代码绘制具有不同线条样式的平行线,如图 7.13 所示。

可视化图像也可以有不同的标记,代码如下所示。

```
plt.plot(x, y, '.')
plt.plot(x, y + 0.5, ',')
plt.plot(x, y + 1, 'o')
```

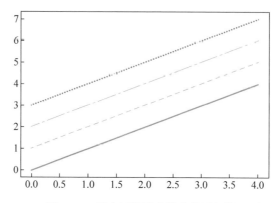

图 7.13　具有不同线条样式的平行线

```
plt.plot(x, y + 2, '<')
plt.plot(x, y + 3, '>')
plt.plot(x, y + 4, 'v')
plt.plot(x, y + 5, '^')
plt.plot(x, y + 6, '1')
plt.plot(x, y + 7, '2')
plt.plot(x, y + 8, '3')
plt.plot(x, y + 9, '4')
plt.plot(x, y + 10, 's')
plt.plot(x, y + 11, 'p')
plt.plot(x, y + 12, '*')
plt.plot(x, y + 13, 'h')
plt.plot(x, y + 14, 'H')
plt.plot(x, y + 15, '+')
plt.plot(x, y + 16, 'D')
plt.plot(x, y + 17, 'd')
plt.plot(x, y + 18, '|')
plt.plot(x, y + 19, '_')
plt.show()
```

输出如图 7.14 所示。

上述代码没有提到任何线条样式,因此只有标记是可见的。

下面介绍结合颜色、线条样式和标记的示例。在单个参数中按顺序传入线条颜色、标记和线条样式,代码如下所示。

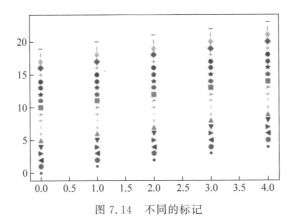

图 7.14   不同的标记

```
plt.plot(x, y, 'mo -- ')
plt.plot(x, y + 1 , 'g * - .')
plt.sho()
```

输出如图 7.15 所示。

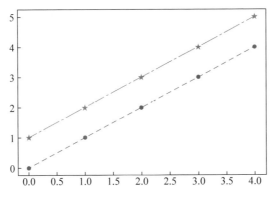

图 7.15   组合标记、线条样式和线条颜色

可以进一步自定义可视化图像,代码如下所示。

```
plt.plot(x, y, color = 'g', linestyle = ' -- ', linewidth = 1.5, marker =
'SymbolYCp', markerfacecolor = 'b', markeredgecolor = 'k', markeredgewidth = 1.5,
markersize = 5)
plt.grid(True)
plt.show()
```

输出如图 7.16 所示。

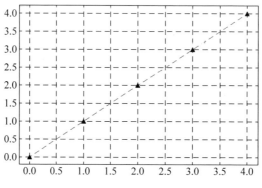

图 7.16　自定义可视化图像

还可以使用 plt.xticks()函数和 plt.yticks()函数更改 X 轴和 Y 轴的刻度值,代码如下所示。

```
x = y = np.arange(10)
plt.plot(x, y, 'o-- ')
plt.xticks(range(len(x)), ['a', 'b', 'c', 'd', 'e', 'f', 'g', 'h', 'i', 'j'])
plt.yticks(range(1, 10, 1))
plt.show()
```

上面的代码为 X 轴和 Y 轴生成自定义刻度,如图 7.17 所示。

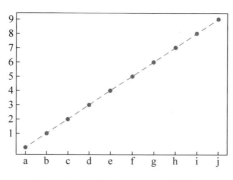

图 7.17　自定义 X 轴和 Y 轴刻度

7.5　小结

本章详细介绍了 Matplotlib 库中最常用的功能。本书中会经常使用这些功能。第 8 章将使用 NumPy 和 Matplotlib 库研究并实现许多重要的图像处理概念。

第 8 章

使用 NumPy 和 Matplotlib 进行基本图像处理

第 7 章学习了如何修改 Matplotlib 可视化的默认设置,研究了如何制作单线图和多线图,介绍了如何使用 Matplotlib 对 NumPy 数据进行可视化处理,还尝试了颜色、线条样式和标记参数的设置实例。

由于已经学习了 NumPy 和 Matplotlib 的基本知识并能轻松地使用它们,也学习了进行图像处理所需的主题。因此,本章将学习基本的图像处理概念,并使用 NumPy 和 Matplotlib 进行实际操作。

8.1 图像数据集

由于将要学习图像处理的主题,因此需要大量测试图像。可以使用任何图像,例如数码相机捕获的照片,或扫描家庭相册中印刷的胶卷照片。但是,最好的选择是采用全球图像处理研究人员社区中使用的标准照片集。可以在 http://sipi.usc.edu/database/ 和 http://www.imageprocessingplace.com/root_files_V3/image_databases.html 中找到此类数据集。

此外,筑波大学(https://www.tsukuba.ac.jp/en/)也拥有用于高级

图像处理和计算机视觉操作的优秀图像集。https://home.cvlab.cs.
tsukuba.as.jp/dataset 是该大学的立体数据集的 URL。也可以在此找
到其他数据集。

从上述 URL 下载测试图像，并将其存储在计算机或树莓派的本地
目录中。本章和本书的其余部分将它们用作测试图像。

8.2　安装 Pillow

使用 Matplotlib 读取非 PNG 格式的图像，需要安装 Python 图像处
理库(PIL)。但是，它的开发已停止，有一个称为 Pillow 的新版本正在积
极开发中，可以在 https://pillow.readthedocs.io/en/stable/ 上查看它的
详细信息。

在终端口上运行以下命令以在 Windows 上安装它。

```
pip3 install pillow
```

在终端上运行以下命令以在树莓派上安装它。

```
sudo pip3 install pillow
```

8.3　读取和保存图像

从使用 Matplotlib 读取、显示和保存图像开始。首先，导入所有必需
的库，并启用 Matplotlib 可视化，代码如下所示。

```
% matplotlib inline
import numpy as np
import matplotlib.pyplot as plt
```

将图像读入一个变量，代码如下所示。

```
img1 = plt.imread('/home/pi/Dataset/4.1.06.tiff')
```

注意，以上代码是针对 Linux 和树莓派的。对于 Windows 操作系统，代码如下所示。

```
img1 = plt.imread('D:\\Dataset\\4.1.06.tiff')
```

这里主要使用 Windows 计算机进行编程。但是进行适当的修改后，该代码也可以很好地适用于 Linux 平台和树莓派 Raspbian OS。

必须先使用 plt.imshow()函数，然后使用 plt.show()函数可视化图像。

```
plt.imshow(img1)
plt.axis('off')
plt.title('Tree')
plt.show()
```

上述代码将显示彩色图像。但是当涉及灰度图像时，就有些棘手了。因为灰度图像显示时带有默认颜色。以下是读取和显示灰度图像的示例代码。

```
img1 = plt.imread('D:\\Dataset\\5.3.01.tiff')
plt.imshow(img1)
plt.axis('off')
plt.show()
```

输出如图 8.1 所示。

图 8.1　使用默认颜色渲染的灰度图像

可以看出，该灰度图像已着色。可以通过应用灰色避免这种情况，代码如下所示。

```
img1 = plt.imread('D:\\Dataset\\5.3.01.tiff')
plt.imshow(img1, cmap = 'gray')
plt.axis('off')
plt.show()
```

运行上面的程序，将看到没有着色的灰度图像。将图像保存到磁盘上的某个位置，代码如下所示。

```
plt.imsave('/home/pi/output.png', img1)
```

对于 Windows，代码如下所示。

```
plt.imsave('D:\\output.png', img1)
```

8.4　NumPy

当使用 Python 进行图像处理时，所有使用的图像都将作为 NumPy Ndarray 读取并存储在内存（RAM）中。前面已经介绍过 Ndarray 及其属性。当使用表示图像的 Ndarray 时，这些属性具有一定的意义。下面介绍一个例子。以下是彩色图像的属性。

```
img1 = plt.imread('D:\\Dataset\\4.1.06.tiff')
print(type(img1))
print(img1.shape)
print(img1.ndim)
print(img1.size)
print(img1.dtype)
print(img1.nbytes)
```

输出如下。

```
< class 'numpy.ndarray'>
```

```
(256, 256, 3)
3
196608
uint8 196608
```

下面一一进行分析。第一个输出表明图像可表示为 NumPy 数组。属性 shape 返回图像的形状。在返回的元组中，前两个数字分别代表宽度和高度（即分辨率），最后一个数字表示颜色通道数量。对于所有彩色图像，通道数一般为 3 或 4。属性 ndim 表示维数，彩色图像为 3，灰度图像为 2。属性 size 表示图像的大小，即表示图像所需的数据点数或数字。如果将属性 shape 返回的元组中的所有数字相乘，数值结果将与 size 完全相同。属性 dtype 告诉我们如何表示图像的每个数据点。这里使用 uint8 表示 8 位（1 字节）的无符号整数。nbytes 表示将图像存储在内存（RAM）中需要多少字节，它等于 size 和给定数据类型的内存大小（即图像数据点）的乘积。uint8 占用 1 字节，size 为 196608，因此所需的字节数为 196608 × 1＝196608。

对灰度图像执行相同的操作，代码如下所示。

```
img2 = plt.imread('D:\\Dataset\\5.3.01.tiff')
print(type(img2))
print(img2.shape)
print(img2.ndim)
print(img2.size)
print(img2.dtype)
print(img2.nbytes)
```

输出如下。

```
< class 'numpy.ndarray'>
(1024, 1024)
2
1048576
uint8 1048576
```

属性 shape 将返回一个包含两个数字的元组，它表示图像的分辨率。

灰度图像中只有一个通道可以存储图像中所有像素的灰度值。因此,维数(属性 ndim)为 2,图像数据点仍用 uint8 表示。其余两个属性可以由这 3 个属性推导出来。

访问彩色图像中各个通道的值,代码如下所示。

```
print(img1[10, 10, 0])
print(img1[10, 10, 1])
print(img1[10, 10, 2])
```

上述代码返回像素(10,10)处的通道 0、通道 1 和通道 2 的值,输出如下。

```
199
216
220
```

还可以使用切片操作,代码如下所示。

```
print(img1[10, 10, :])
```

输出如下。

```
[199 216 220]
```

对于灰度图像,可以知道单个像素的值,代码如下所示。

```
print(img2[10, 10])
```

输出如下。

```
71
```

8.5 图像统计

可以使用 NumPy Ndarray 属性检索图像的统计信息,代码如下所示。

```
img1 = plt.imread('D:\\Dataset\\4.1.06.tiff')
print(img1.min())
print(img1.max())
print(img1.mean())
```

运行上面的代码并查看输出。NumPy 有一些统计函数用来检索 NumPy 数组的统计信息，以下是这些函数。

```
print(np.median(img1))
print(np.average(img1))
print(np.mean(img1))
print(np.std(img1))
print(np.var(img1))
```

运行上面的代码并查看输出。

8.6 图像掩码

可以为图像创建掩码，以便使用特定颜色的像素覆盖图像，以下是代码示例。

```
img1 = plt.imread('D:\\Dataset\\4.1.06.tiff')
nrows, ncols, channels = img1.shape
row, col = np.ogrid[:nrows, :ncols]
cnt_row, cnt_col = nrows/2, ncols/2
outer_disk_mask = ((row - cnt_row) ** 2 + (col - cnt_col) ** 2 > (nrows/2) ** 2)
img1.setflags(write = 1)
img1[outer_disk_mask] = 0
plt.imshow(img1)
plt.axis('off')
plt.title('Masked Image')
plt.show()
```

在上面的代码中，首先创建一个外部圆盘掩码，然后将掩码中的所有像素值设置为 0(0 表示黑色)。函数 setflags(write＝1)允许修改存储在内存(RAM)中的图像的像素。输出结果如图 8.2 所示。

Masked Image

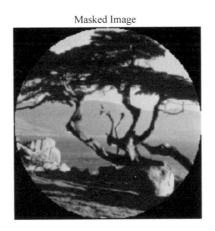

图 8.2　掩码处理后的图像

8.7　图像通道

对于彩色图像,颜色信息保存在不同的通道中。有很多方法可以实现。当 plt.imread()函数读取彩色图像时,它将颜色信息存储在 NumPy 数组中,以便将红色、绿色和蓝色的信息分别存储在颜色通道中。它可以通过切片存储彩色图像的 NumPy 数组进行检索,代码如下所示。

```
img1 = plt.imread('D:\\Dataset\\4.1.04.tiff')
r = img1[:, :, 0]
g = img1[:, :, 1]
b = img1[:, :, 2]
output = [img1, r, g, b]
titles = ['Image', 'Red', 'Green', 'Blue']
for i in range(4):
    plt.subplot(2, 2, i + 1)
    plt.axis('off') plt.title(titles[i])
    if i == 0:
```

```
        plt.imshow(output[i])
    else:
        plt.imshow(output[i], cmap = 'gray')
plt.show()
```

在上面的代码中,可以在每种颜色的单独二维 Ndarray 中检索颜色
通道的信息。因此,有 3 个不同的二维 Ndarray,数据类型为 uint8。8 位
无符号整数可以存储 256 个值,范围从 0~255。每个值表示特定颜色的
强度级别。一个像素由 3 个颜色通道的信息组成。因此,像素可以具有
256 × 256 × 256＝16777216 种颜色值。也就是说,大约有 1678 万种颜
色。人眼可以分辨大约 1000 万种颜色。因此,这种彩色像素的 3 字节表
示形式对于人类来说是足够的。上面代码的输出如图 8.3 所示。

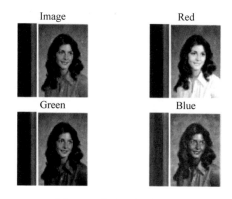

图 8.3　分离的颜色通道

可以看出,能够分离并显示颜色通道。

Matplotlib 输出中显示了多个图像,这是因为使用了 subplot()函
数。该函数可以将输出视为网格,并在网格中设置输出图像。传递给
subplot()函数的前两个参数表示网格的大小。在此示例中,大小是 2×2。
传递的最后一个参数表示图像在此网格中的位置。左上位置为 1,水平
相邻位置为 2,以此类推。这非常有用,因为本书将使用相同的代码模板
在单个输出中显示多个图像。还可以通过这种方式分别显示多个图像。

甚至可以将它们重新组合成原始图像,代码如下所示。

```
output = np.dstack((r, g, b))
plt.imshow(output)
plt.show()
```

运行上述代码,并验证输出是否为原始图像。

8.8　图像算术运算

可以对图像执行很多算术运算。本节输出不会在书中显示。读者可以自行运行下面所有代码示例并查看输出。

在前面的部分中,已经看到了很多对 NumPy 数组的操作。本节也将看到相同的操作。从已下载的图像数据集中选择两张分辨率和维数相同的图像进行算术运算。以下是示例代码。

```
img1 = plt.imread('D:\\Dataset\\4.1.06.tiff')
img2 = plt.imread('D:\\Dataset\\4.1.04.tiff')
plt.imshow(img1)
plt.show()
plt.imshow(img2)
plt.show()
```

可以将两个图像相加,代码如下所示。

```
plt.imshow(img1 + img2)
plt.show()
```

数字的加法运算是可交换的,更改操作数的位置不会改变最终结果。因此,以下代码等同于上述内容。

```
plt.imshow(img2 + img1)
plt.show()
```

从一个图像中减去另一个图像,代码如下所示。

```
plt.imshow(img1 - img2)
plt.show()
```

减法运算是不可交换的。因此,以下代码会产生不同的输出。

```
plt.imshow(img2 - img1)
plt.show()
```

翻转图像,代码如下所示。

```
plt.imshow(np.flip(img1, 0))
plt.show()
```

还可以改变翻转轴,代码如下所示。

```
plt.imshow(np.flip(img1, 1))
plt.show()
```

滚动图像,代码如下所示。

```
plt.imshow(np.roll(img1, 2048))
plt.show()
```

从左向右翻转图像,代码如下所示。

```
plt.imshow(np.fliplr(img1))
plt.show()
```

垂直翻转图像,代码如下所示。

```
plt.imshow(np.flipud(img1))
plt.show()
```

旋转图像,代码如下所示。

```
plt.imshow(np.rot90(img1))
plt.show()
```

8.9　图像位逻辑运算

可以对图像使用 NumPy 位逻辑运算函数,所有的位逻辑运算都是可交换的。将使用 8.8 节中的图像演示逻辑运算。下面的代码演示了图像之间的位逻辑与运算。

```
plt.imshow(np.bitwise_and(img1, img2))
plt.show()
```

以下是位逻辑或运算的代码。

```
plt.imshow(np.bitwise_or(img1, img2))
plt.show()
```

实现位逻辑异或运算的代码如下所示。

```
plt.imshow(np.bitwise_xor(img2, img1))
plt.show()
```

位逻辑非运算对图像按位反转,代码如下所示。

```
plt.subplot(1, 2, 1)
plt.imshow(img1)
plt.subplot(1, 2, 2)
plt.imshow(np.bitwise_not(img1))
plt.show()
```

8.10   图像直方图

第 7 章展示了用于计算 NumPy Ndarray 直方图的代码。但是没有详细讨论该概念。直方图是数据集中数据分布的直观表示。简而言之,它是数据集频率分布表的可视化图像。分布表是数据集中的值与该值在数据集中的出现次数的表格。这里的数据集是由 NumPy Ndarray 表示的图像。创建并可视化彩色图像的通道直方图,代码如下所示。

```
img1 = plt.imread('D:\\Dataset\\4.1.01.tiff')
r = img1[:, :, 0]
g = img1[:, :, 1]
b = img1[:, :, 2]
```

在上面的代码中，通过切片保存图像的 NumPy 数组分离通道。可以用以下代码调整子图之间的间距。

```
plt.subplots_adjust(hspace = 0.5, wspace = 0.5)
```

绘制原始图像，代码如下所示。

```
plt.subplot(2, 2, 1)
plt.title('Original Image')
plt.imshow(img1)
```

下面计算红色通道的直方图。

```
hist, bins = np.histogram(r.ravel(), bins = 256, range = (0, 256))
```

红色通道是二维 NumPy Ndarray。首先，将其展平并将其作为参数传递给 np.histogram()函数，计算直方图的 bins 数量和值范围。最后，使用 plt.bar()函数直观地显示直方图。

```
plt.subplot(2, 2, 2)
plt.title('Red Histogram')
plt.bar(bins[: - 1], hist)
```

同样地，可以计算和可视化其他通道的直方图，代码如下所示。

```
hist, bins = np.histogram(g.ravel(), bins = 256, range = (0, 256))
plt.subplot(2, 2, 3)
plt.title('Green Histogram')
plt.bar(bins[: - 1], hist)
hist, bins = np.histogram(b.ravel(), bins = 256, range = (0, 256))
plt.subplot(2, 2, 4)
plt.title('Blue Histogram')
plt.bar(bins[: - 1], hist)
plt.show()
```

输出如图 8.4 所示。

可以直接在 Matplotlib 中使用 plt.hist()函数计算和可视化直方图，代码如下所示。

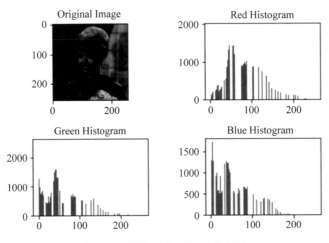

图 8.4 彩色图像的通道直方图

```
plt.subplots_adjust(hspace = 0.5, wspace = 0.5)
plt.subplot(2, 2, 1)
plt.title('Original Image')
plt.imshow(img1)
plt.subplot(2, 2, 2)
plt.title('Red Histogram')
plt.hist(r.ravel(), bins = 256, range = (0, 256))
plt.subplot(2, 2, 3)
plt.title('Green Histogram')
plt.hist(g.ravel(), bins = 256, range = (0, 256))
plt.subplot(2, 2, 4)
plt.title('Blue Histogram')
plt.hist(b.ravel(), bins = 256, range = (0, 256))
plt.show()
```

上述代码输出与之前代码的输出完全相同。

这就是计算和可视化任何图像或 NumPy Ndarray 的直方图的方法。

8.11 小结

本章研究了使用 NumPy 和 Matplotlib 对图像进行的处理操作,尚未使用任何图像处理库。NumPy 本身可用于图像的基本操作。还可以为各种图像处理操作实现自定义函数。第 9 章将学习一些高级图像处理操作，自行编写一些函数并仅使用 NumPy 和 Matplotlib 执行这些图像处理操作。

练习

本章对彩色图像的各种图像处理技术进行了演示。请对灰度图像执行所有这些图像处理操作。

第9章
使用 NumPy 和 Matplotlib 进行高级图像处理

第 8 章开始了图像处理编程,并学习了如何使用 NumPy 和 Matplotlib 实现基本的图像处理操作,但没有使用任何专用库进行图像处理。

本章将继续使用 NumPy 和 Matplotlib 进行图像处理,学习一些更高级的图像处理操作,并为它们编写函数,同时,将学习阈值化、彩色到灰度转换、标准化和其他操作的概念。

9.1 彩色到灰度转换

彩色图像有 3 个通道,使用 RGB 颜色空间表示。如果将彩色图像转换为灰度图像,需要将 3 个通道表示的值转换为单个通道。首先导入所有必需的库,代码如下所示。

```
% matplotlib inline
import numpy as np
import matplotlib.pyplot as plt
```

自定义函数,将彩色图像转换为灰度图像,代码如下所示。

```
def rgb2 gray(img):
    r = img[:, :, 0]
    g = img[:, :, 1]
    b = img[:, :, 2]
    return (0.2989 * r + 0.5870 * g + 0.1140 * b)
```

应用此函数后,彩色图像的形状将发生改变。

```
img = plt.imread('D:\\Dataset\\4.2.03.tiff')
print(img.shape)
print(rgb2gray(img).shape)
```

输出如下。

```
(512, 512, 3)
(512, 512)
```

为了进行可视化验证,可以在 Jupyter Notebook 中显示它。

```
plt.subplot(1, 2, 1)
plt.imshow(img)
plt.subplot(1, 2, 2)
plt.imshow(rgb2gray(img), cmap = 'gray')
plt.show()
```

运行上述代码并查看输出。

9.2　图像阈值化

　　图像阈值化是图像分割的最基本的类型。图像分割是指将图像划分为多个段。分割后的图像更易于分析,因为从中可提取各种特征。

　　阈值化处理是指将图像转换为两个部分,即背景和前景。阈值化处理在灰度图像上效果最好。阈值化之后,灰度图像转换为黑白图像,也称为二进制图像。可以将阈值化操作定义为一个函数,当输入值大于阈值时,该函数返回 255,否则返回 0。以下是自定义的阈值化函数和反向阈值化函数。

```
def threshold(img, thresh = 127):
    return((img > thresh) * 255).astype("uint8")
def inverted_threshold(img, thresh = 127):
    return((img < thresh) * 255).astype("uint8")
```

在上面的函数中,默认阈值为 127。下面选择一个灰度图像进行演示。

```
img = plt.imread('D:\\Dataset\\5.1.11.tiff')
plt.imshow(img, cmap = 'gray')
plt.show()
```

图像如图 9.1 所示。

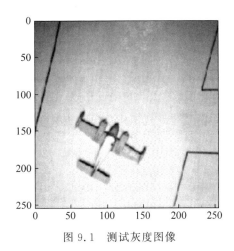

图 9.1　测试灰度图像

以下是测试灰度图像的代码。

```
plt.imshow(threshold(img), cmap = 'gray')
plt.show()
```

阈值化后的图像如图 9.2 所示。

使用自定义阈值测试代码,代码如下所示。

```
plt.imshow(threshold(img, 200), cmap = 'gray')
plt.show()
```

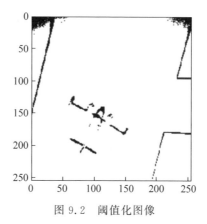

图 9.2　阈值化图像

输出如图 9.3 所示。

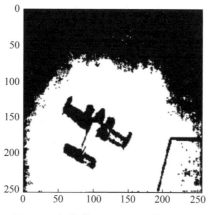

图 9.3　阈值等于 200 的阈值化图像

以下代码用于反向阈值。

```
plt.imshow(inverted_threshold(img), cmap = 'gray')
plt.show()
```

另外,可以自定义反向阈值,代码如下所示。

```
plt.imshow(inverted_threshold(img, 200), cmap = 'gray')
plt.show()
```

9.3　彩色图像增亮

编写一个自定义函数对彩色图像进行增亮操作。首先,在变量中加载彩色图像,接下来的几节中都使用该图像演示图像处理操作。

```
img = plt.imread('D:\\Dataset\\4.1.01.tiff')
plt.imshow(img)
plt.show()
```

定义一个为图像增亮的函数。

```
def tint(img, percent = 0.5):
    return(img + (np.ones(img.shape) - img) * percent).astype("uint8")
```

此函数的测试如下所示。

```
plt.axis('off')
plt.imshow(tint(img))
plt.show()
```

使用自定义百分比进行着色测试,代码如下所示。

```
plt.axis('off')
plt.imshow(tint(img, 0.1))
plt.show()
```

运行代码并检查输出。

9.4　彩色图像变暗

使用以下函数为图像添加阴影。

```
def shade(img, percent = 0.5):
    return (img * (1 - percent)).astype("uint8")
```

用默认百分比演示阴影着色,代码如下所示。

```
plt.axis('off')
plt.imshow(shade(img))
plt.show()
```

使用自定义百分比对其进行阴影着色测试,代码如下所示。

```
plt.axis('off')
plt.imshow(shade(img, 0.3))
plt.show()
```

9.5 梯度

可以在图像上应用梯度,自定义函数如下。

```
def gradient(img, reverse = False):
cols = img.shape[1]
if reverse:
C = np.linspace(1, 0, cols)
else:
C = np.linspace(0, 1, cols)
C = np.dstack((C, C, C))
print(C.shape)
return (C * img).astype("uint8")
```

在上面的函数中,自定义梯度 C 与输入图像的 3 个通道强度相乘。还可以在输入的基础上将反向梯度与图像强度相乘。下面是函数的测试代码示例。

```
plt.imshow(gradient(img))
plt.show()
```

下面是反向梯度的代码示例。

```
plt.imshow(gradient(img, True))
plt.show()
```

9.6　最大 RGB 滤波器

可以用 NumPy 创建一个最大 RGB 滤波器。在最大 RGB 滤波器中，比较每个像素的彩色图像的所有通道的强度，保持通道的强度为最大强度，并将图像中每个像素的所有其他通道的强度降为 0。假设对于一个特定的像素，RGB 的值是(10,200,240)，那么在通过最大 RGB 滤波器之后，该像素的 RGB 值将是(0,0,240)，该函数的实现如下所示。

```
def max_rgb(img):
    r = img[:, :, 0]
    g = img[:, :, 1]
    b = img[:, :, 2]
    M = np.maximum(np.maximum(r, g), b)
    img.setflags(write = 1)
    r[r < M] = 0
    g[g < M] = 0
    b[b < M] = 0
    return(np.dstack((r, g, b)))
```

可以将该滤波器应用于任何彩色图像，代码如下所示。

```
plt.imshow(max_rgb(img))
plt.show()
```

运行上述代码并检查结果。

9.7　强度标准化

可以标准化图像的强度，以下是函数定义的代码。

```
def normalize(img):
```

```
lmin = float(img.min())
lmax = float(img.max())
return np.floor((img − lmin)/(lmax − lmin) * 255.0)
```

使用灰度图像作为测试图像,代码如下所示。

```
Img = plt.imread('D:\\Dataset\\7.2.01.tiff')
plt.imshow(img, cmap = 'gray')
plt.show()
```

最后,将所选的灰度图像标准化,代码如下所示。

```
plt.imshow(normalize(img), cmap = 'gray')
plt.show()
```

9.8 小结

本章研究了一些高级图像处理概念和实现,但没有使用任何特殊的库进行图像处理。几乎所有流行的图像处理库都使用 NumPy 实现图像处理和计算机视觉的函数。从第 10 章开始,将探索专用的图像处理库 Scikit-Image。

练习

本章学习了许多函数,需要特定类型的图像(灰度或彩色)作为输入。如果传递的参数是预期的图像类型,则在函数定义的开始处添加检查代码,否则引发异常并打印错误消息。

第 10 章
开始 Scikit-Image

第 8 章和第 9 章开始使用 NumPy 和 Matplotlib 进行图像处理。本章介绍 Scikit-Image 库,这是一个用于图像处理和计算机视觉的专用库。还将介绍 Scikit 项目,以及学习如何设置 Windows 计算机和树莓派使用 Scikit-Image 库进行图像处理。然后,介绍该库提供的一些简单操作。

10.1 Scikits 简介

Scikits 代表 SciPy 工具包,这些库不是核心 SciPy 库的一部分,而是独立进行托管、开发和维护。可以在 https://www.scipy.org/scikits.html 和 http://scikits.appspot.com/scikits 查阅 Scikits 的详细信息。Scikit-Image 是一个 Scikits,专门进行图像处理和计算机视觉。所有的 Scikits 都大量使用 NumPy 和 SciPy 实现各种功能。

10.2 在 Windows 和树莓派 Raspbian 上安装 Scikit-Image

Scikit-Image 需要 Cython 包,而 Cython 需要 C++ 编译器。对于 Windows,需要安装最新版本的 Microsoft Visual C++,可以在 https://

visualstudio. microsoft. com/下载。下载适合 Windows 的安装文件（32 位或 64 位）。执行安装文件安装 VC++。完成后，打开命令提示符窗口并运行以下命令。

```
pip3 install scipy cythonScikit-Image
```

树莓派 Raspbian 和 Linux 的其他发行版带有 C++的编译器 gcc。因此，可以直接安装所需要的库，只需要在树莓派的终端运行以下命令。

```
sudo sudo pip3 install scipy cythonScikit-Image
```

10.3　Scikit-Image 的基础知识

下面将学习 Sciket-Image 的基础知识。就像 Matplotlib，Skikit-Image 有函数 imread()、imshow()和 show()读取和显示图像。使用方法与它们在 Matplotlib 中一样。以下是演示这些函数功能的示例程序。

```
% matplotlib inline
import skimage. io as io
img = io. imread('D:\\Dataset\\4.2.05.tiff')
print(type(img))
io. imshow(img)
io. show()
```

上述代码读取并显示图像。这段代码使用了 Scikit-Image 的 io 模块。本节将详细介绍该模块。

Scikit-Image 在 data 模块中有许多图像可用于演示图像处理操作。使用 data 模块中的图像，代码如下所示。

```
import skimage. data as data
img = data. astronaut()
io. imshow(img)
io. show()
```

上述代码显示了美国宇航局退休宇航员艾琳·柯林斯（https:// en. wikipedia. org/wiki/Eileen_Collins）的图像。

也可以使用 Matplotlib 中 imshow()函数和 show()函数显示图像。

```
import matplotlib.pyplot as plt
img = data.coffee()
plt.imshow(img)
plt.title('Coffee')
plt.axis('off')
plt.show()
```

如果希望生成自己的测试数据，并用作图像，可以使用 Scikit-Image 中的 binary_blob()函数，生成二进制测试数据，如图 10.1 所示。

```
img = data.binary_blobs(length = 512, blob_size_ fraction = 0.1, seed = 5)
io.imshow(img)
io.show()
```

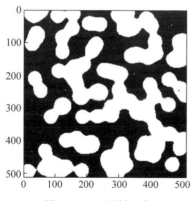

图 10.1　二进制斑点

10.4　颜色空间转换

颜色模型是描述颜色的数学方法。颜色空间将真实生活中的颜色映射到颜色模型中。大多数图像处理库使用 imread()函数读取图像，并以

RGB 颜色空间存储。很多时候需要更改图像的颜色空间以进行图像处理。Scikit-Image 具有更改图像颜色空间的函数。下面将使用具有所有转换颜色空间函数的 color 模块进行演示。

```
from skimage.color import convert_colorspace
```

选择宇航员图像进行演示。

```
img = data.astronaut()
plt.imshow(img)
plt.show()
```

以下代码将图像从 RGB 转换为 HSV 颜色空间。

```
img_hsv = convert_colorspace(img, 'RGB', 'HSV')
plt.imshow(img_hsv)
plt.show()
```

甚至可以使用 rgb2grey()函数或 rgb2gray()函数将 RGB 图像转换成灰度图像,代码如下所示。

```
from skimage.color import rgb2gray, rgb2grey
img_gray = rgb2gray(img)
plt.imshow(img_gray, cmap = 'gray')
plt.show()
```

10.5　小结

本章研究如何使用 Scikit-Image,学习如何在 Windows 和树莓派平台上安装它,还研究了基本函数和颜色空间转换。第 11 章将开始研究 Scikit-Image 提供的更高级的功能。

练习

使用 binary_blob()函数生成各种测试图像。有关 Scikit-Image 库的详细信息，请访问 https：//Scikit-Image. org/了解。

第11章

阈值化直方图的均衡化和变换

在第 10 章中，学习了 Scikit-Image 的基础知识，还学习了如何访问 data 模块中的图像以及如何使用 binary_blob()函数创建自定义测试图像。

前面已经介绍了使用 NumPy 进行阈值化的概念。本章将再次使用该概念。此外，将学习如何均衡化图像的直方图以提高图像质量，介绍转换图像的知识。

11.1　简单阈值化、Otsu 二值化和自适应阈值化

前面已经学习了如何实现简单的阈值化。本节将使用不同的样式和 Scikit-Image 库中的 data 模块实现同样的操作，代码如下所示。

```
% matplotlib inline
import matplotlib.pyplot as plt
import skimage.data as data
img = data.camera()
thresh = 127
output1 = img > thresh
output2 = img < = thresh
output = [img, output1, output2]
titles = ['Original', 'Thresholded', 'Inverted Threshold']
```

```
for i in range(3):
  plt.subplot(1, 3, i + 1)
  plt.imshow(output[i], cmap = 'gray')
  plt.title(titles[i])
  plt.axis('off')
plt.show()
```

上述程序的输出是阈值化图像和反向阈值化图像。使用 data.
camera()函数生成测试图像。修改阈值化逻辑非常重要。此处,可以通
过自定义算法计算阈值。其中一个算法是 Otsu 二值化。它以其发明者
Nobuyuki Otsu 命名。在此算法中,自动计算图像的阈值。这是对具有
峰值直方图的图像进行阈值化的最佳方法。双峰直方图是具有两个峰值
的直方图。在这样的图像中,通常有前景和背景区域。阈值化后,可以轻
松地标记前景和背景区域。Scikit-Image 中有 threshold_otsu()函数用
于计算图像的阈值,代码如下所示。

```
from skimage.filters import threshold_otsu
thresh = threshold_otsu(img)
binary = img > thresh
plt.subplots_adjust(wspace = 0.5, hspace = 0.5)
plt.subplot(1, 3, 1)
plt.title('Original Image')
plt.imshow(img, cmap = 'gray')
plt.axis('off')
plt.subplot(1, 3, 2)
plt.title('Bimodal histogram')
plt.hist(img.ravel(), bins = 256, range = [0, 255])
plt.xlim([0, 255])
plt.subplot(1, 3, 3)
plt.title('Thresholded Image')
plt.imshow(binary, cmap = 'gray')
plt.axis('off')
plt.show()
```

具有双峰直方图的原始图像和阈值化后的图像如图 11.1 所示。

在较早的示例中,阈值是针对整个图像计算的。在自适应阈值化中,

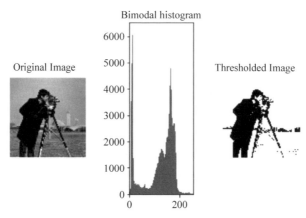

图 11.1　双峰直方图和 Otsu 二值化图

阈值是按区域计算的。因此，每个区域都有不同的阈值。在 Sciket-Image 中，提供块大小和偏移。以下是使用自适应阈值化方法计算阈值图像的示例程序。

```
from skimage.filters import threshold_local
img = data.page()
adaptive = threshold_local(img, block_size = 3, offset = 30)
plt.imshow(adaptive, cmap = 'gray')
plt.show()
```

输出如图 11.2 所示。

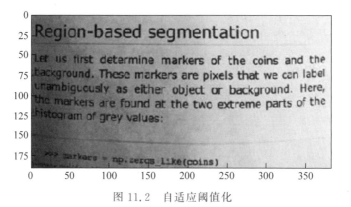

图 11.2　自适应阈值化

11.2　直方图均衡化

直方图表示图像中通道强度的分布。直方图均衡化是通过调整直方图中的强度增强图像的对比度的过程。Scikit-Image 使用 equalize_hist() 函数和 equalize_adapthist() 函数执行直方图均衡化。以下程序演示了这两个函数的用法。

```
% matplotlib inline
import matplotlib.pyplot as plt
from skimage import data
from skimage import exposure
img = data.moon()
img_eq = exposure.equalize_hist(img)
img_adapthist = exposure.equalize_adapthist(img, clip_ limit = 0.03)
output = [img, img_eq, img_adapthist]
titles = ['Original', 'Histogram Equalization', 'Adaptive Equalization']
for i in range(3): plt.subplot(3, 1, i + 1)
    plt.imshow(output[i], cmap = 'gray')
    plt.title(titles[i])
    plt.axis('off')
plt.show()
```

输出如图 11.3 所示。

Original　　　　Histogram Equalization　　　Adaptive Equalization

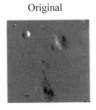

图 11.3　直方图均衡化

11.3　图像变换

变换意味着形式或外观的变化。本节将研究一些图像的变换。第一种变换，即相似性变换，是一种几何变换。相似性变换保留了距离之间的角度和比率。Scikit-Image 中的 SimilarityTransform()函数可以通过缩放、旋转和平移计算进行相似性变换的对象。然后，使用 warp()函数将此对象应用于图像，以计算变换后的图像。

首先，导入所有必需的库和图像，代码如下所示。

```
% matplotlib inline import math
import numpy as np
import matplotlib.pyplot as plt
from skimage import data
from skimage import transform as tf
img = data.astronaut()
```

以下是使用相似性变换计算旋转、缩放和变换操作的程序，并在同一示例中计算逆变换。

```
# Similarity Transform
tform = tf.SimilarityTransform(scale = 1, rotation = math.pi/4, translation
= (img.shape[0]/2, - 100))
print(tform)
output1 = tf.warp(img, tform)
output2 = tf.warp(img, tform.inverse)
output = [img, output1, output2]
titles = ['Original', '45 Degrees counter - clockwise', '45 Degrees clockwise']
plt.subplots_adjust(wspace = 0.5, hspace = 0.5)
for i in range(3):
    plt.subplot(3, 1, i + 1)
    plt.imshow(output[i])
```

```
    plt.title(titles[i])
    plt.xticks([]), plt.yticks([])
plt.show()
```

输出如图 11.4 所示。

Original　　　　45 Degrees counter-clockwise　　　　45 Degrees clockwise

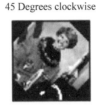

图 11.4　相似性变换和逆相似性变换

使水以扭曲或旋转的方式在容器中移动的效应被称为漩涡。类似地,对图像也可以应用相同的效应。Scikit-Image 使用 swirl()函数,根据旋转、强度和半径参数对图像进行漩涡变换。以下是漩涡变换的示例。

```
output1 = tf.swirl(img, rotation = 50, strength = 10, radius = 120, mode =
'reflect')
output2 = tf.swirl(img, rotation = 10, strength = 20, radius = 200, mode =
'reflect')
output = [img, output1, output2]
titles = ['Original', 'Swirl 1', 'Swirl 2']
for i in range(3):
    plt.subplot(1, 3, i + 1)
    plt.imshow(output[i], interpolation = 'nearest')
    plt.title(titles[i])
    plt.xticks([]), plt.yticks([])
plt.show()
```

输出如图 11.5 所示。

下面介绍投影变换。投影变换显示了当观察者的视点变化时,感知对象是如何变化的。该变换允许为观察者创建视角的失真。它不保留输

Original　　　　Swirl 1　　　　Swirl 2

图 11.5　漩涡变换

入图像和输出图像之间的平行度、长度和线条角度。然而，它保留共线性和相关性。以下是投影变换的示例。

```
# Projective Transform
img = data.text()
src = np.array([[0, 0], [0, 50], [300, 50], [300, 0]])
dst = np.array([[155, 15], [65, 40], [260, 130], [360,95]])

tform = tf.ProjectiveTransform()
tform.estimate(src, dst)
output1 = tf.warp(img, tform, output_shape = (50, 300))
output = [img, output1]
titles = ['Original', 'Projective Transform']
for i in range(2):
    plt.subplot(1, 2, i + 1)
    plt.imshow(output[i], cmap = 'gray')
    plt.title(titles[i])
    plt.xticks([]), plt.yticks([])
plt.show()
```

输出如图 11.6 所示。

Original　　　　　　　　Projective Transform

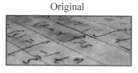 

图 11.6　投影变换

下面介绍仿射变换,这是投影变换的特例。与漩涡变换不同,线之间的平行性得到保留。AffineTransform()函数接受缩放、旋转、剪切和平移作为参数,并返回可通过 warp()函数应用于图像的变换对象,代码如下所示。

```
img = data.checkerboard()
tform = tf.AffineTransform(scale = (1.2, 1.1), rotation = 1, shear = 0.7,
translation = (210, 50))
output1 = tf.warp(img, tform, output_shape = (350, 350))
output2 = tf.warp(img, tform.inverse, output_ shape = (350, 350))
output = [img, output1, output2]
titles = ['Original', 'Affine', 'Inverse Affine']
for i in range(3):
    plt.subplot(1, 3, i + 1)
    plt.imshow(output[i], cmap = 'gray')
    plt.xticks([]), plt.yticks([])
    plt.title(titles[i])
plt.show()
```

在棋盘图像上应用该变换。注意,线与线之间的角度在输出中发生变化,但线与线之间的平行度将保留。输出如图 11.7 所示。

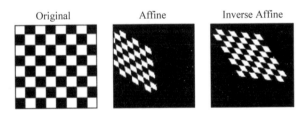

图 11.7　仿射变换

在仿射变换和相似性变换中,可以缩放图像。缩放操作以相同比例在 X 轴和 Y 轴方向缩放图像。可以使用 resize()函数单独缩放图像的轴。以下是调整大小变换的示例。

```
img = data.coffee()
output1 = tf.resize(img, (img.shape[0], img.shape[1] * 1/2), mode = 'reflect')
```

```
plt.subplots_adjust(wspace = 0.5, hspace = 0.5) output = [img, output1]
titles = ['Original', 'Resized Image']
for i in range(2):
    plt.subplot(2, 1, i + 1)
    plt.imshow(output[i])
    plt.title(titles[i])
plt.show()
```

输出如图 11.8 所示。

图 11.8　调整大小变换

可以看出，仅在 X 轴方向调整图像大小。

11.4　小结

本章详细研究了各种类型的变换，并在不同图像上实现了相同的变换。第 12 章将研究图像滤波的概念，并在图像上应用各种类型的滤波器。

练习

更改本章使用的函数中的参数值进行练习。

第 12 章

核、卷积和滤波器

第 11 章学习了一些重要的图像处理概念,例如阈值化、直方图均衡化和 Scikit-Image 变换。在本章中,将详细研究图像核和滤波器的概念,同时,将学习如何通过使用不同类型的图像滤波器增强图像的质量。

12.1 图像滤波

增强图像特征的过程称为图像滤波。可以使用卷积运算进行图像滤波,使用前需要一个核。核或卷积矩阵是在图像上进行各种操作的小型矩阵。根据核进行卷积运算后获得输出。不同滤波器使用不同类型的核实现图像滤波效果。滤波器有两种,一种是高通滤波器,另一种是低通滤波器。高通滤波器允许图像的高频部分(如边缘)通过,它用于锐化和边缘检测。低通滤波器允许图像的低频部分通过,它会产生模糊效果或消除图像中的噪点。在本节中,将看到如何在 SciPy 库中使用信号处理例程创建自定义滤波器。

创建一个新的 Jupyter Notebook。从 SciPy 库和其他库中导入 signal 模块,代码如下所示。

```
from scipy import signal
import numpy as np
from skimage import data
from matplotlib import pyplot as plt
```

将相机图像加载到变量中。

```
img = data.camera()
```

函数 convolve2d() 可对两个二维矩阵进行卷积运算, 其中一个矩阵是图像矩阵, 另一个矩阵是核, 代码如下所示。

```
kernel = np.ones((3, 3), np.float32)/9
dst2 = signal.convolve2d(img, kernel, boundary = 'symm', mode = 'same')
plt.imshow(dst2, cmap = 'gray')
plt.show()
```

在上面的代码中, 核是一个除以 9 的 3×3 单位矩阵。这会产生简单的模糊效果, 如图 12.1 所示。

图 12.1   简单模糊核(3×3)

还可以增加核的大小, 代码如下所示。

```
# Simple Blur
kernel = np.ones((7, 7), np.float32)/49
dst2 = signal.convolve2d(img, kernel, boundary = 'symm', mode = 'same')
plt.imshow(dst2, cmap = 'gray')
plt.show()
```

较大的核会导致更强的模糊效果,如图 12.2 所示。

图 12.2 简单模糊核(7×7)

还可以使用以下核实现块模糊。

```
# Box blur
kernel = np.array([[0.0625, 0.125, 0.0625],
                   [0.125, 0.25, 0.125],
                   [0.0625, 0.125, 0.0625]])
dst2 = signal.convolve2d(img, kernel, boundary = 'symm', mode = 'same')
plt.imshow(dst2, cmap = 'gray')
plt.show()
```

运行上面的程序并检查结果。

以上所有核均为低通滤波器核。因此,它们产生了图像平滑或模糊效果。下面再介绍一些高通滤波器核。第一个示例是用于图像锐化的核,代码如下。

```
# Sharpen
kernel = np.array([[0, -1, 0],
                   [-1, 5, -1],
                   [0, -1, 0]])
dst2 = signal.convolve2d(img, kernel, boundary = 'symm', mode = 'same')
plt.imshow(dst2, cmap = 'gray')
plt.show()
```

输出如图 12.3 所示。

图 12.3　图像锐化核(3×3)

还可以使用高通核检测边缘，代码如下所示。

```
# Edge Detection
kernel = np.array([[-1, -1, -1],
                   [-1, 8, -1],
                   [-1, -1, -1]])
dst2 = signal.convolve2d(img, kernel, boundary = 'symm', mode = 'same')
plt.imshow(dst2, cmap = 'gray')
plt.show()
```

输出如图 12.4 所示。

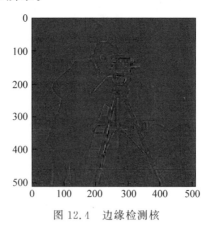

图 12.4　边缘检测核

12.2　Scikit-Image 的内置图像滤波器

Scikit-Image 具有许多内置的图像滤波器。本节将给出这些滤波器的示例。第一种滤波器是高斯滤波器,它是一个非常有用的滤波器,可以过滤来自图像的高斯噪声,以下是代码示例。

```
% matplotlib inline
from skimage.data import camera
from skimage.filters import gaussian
from matplotlib import pyplot as plt
img = camera()
out1 = gaussian(img, sigma = 2)
output = [img, out1]
titles = ['Original', 'Gaussian']
for i in range(2):
    plt.subplot(1, 2, i + 1)
    plt.title(titles[i])
    plt.imshow(output[i], cmap = 'gray')
    plt.xticks([]), plt.yticks([])
plt.show()
```

运行代码并查看输出。

第二种是拉普拉斯滤波器,可以突出显示边缘。

```
from skimage.filters import laplace
out1 = laplace(img, ksize = 3)
output = [img, out1]
titles = ['Original', 'Laplacian']
for i in range(2):
    plt.subplot(1, 2, i + 1)
    plt.title(titles[i])
    plt.imshow(output[i], cmap = 'gray')
    plt.xticks([]), plt.yticks([])
plt.show()
```

第三种是 Prewitt 滤波器，它可以突出图像的边缘。

```python
from skimage.filters import prewitt_h, prewitt_v, prewitt
out1 = prewitt_h(img)
out2 = prewitt_v(img)
out3 = prewitt(img)
output = [img, out1, out2, out3]
titles = ['Original', 'Prewitt Horizontal', 'Prewitt Vertical', 'Prewitt']
for i in range(4):
    plt.subplot(2, 2, i + 1)
    plt.title(titles[i])
    plt.imshow(output[i], cmap = 'gray')
    plt.xticks([]), plt.yticks([])
plt.show()
```

还有一种是 Scharr 滤波器，它可以突出显示边缘。

```python
from skimage.filters import scharr_h, scharr_v, scharr
out1 = scharr_h(img)
out2 = scharr_v(img)
out3 = scharr(img)
output = [img, out1, out2, out3]
titles = ['Original', 'Scharr Horizontal', 'Scharr Vertical', 'Scharr']
for i in range(4):
    plt.subplot(2, 2, i + 1)
    plt.title(titles[i])
    plt.imshow(output[i], cmap = 'gray')
    plt.xticks([]), plt.yticks([])
plt.show()
```

运行上述所有程序，然后检查输出。

注意，所有这些操作都使用了灰度图像。因此，必须为这些滤波器编写自定义代码，以处理 RGB 图像。以下是 Scharr 滤波器的自定义代码示例。

```python
% matplotlib inline
from skimage.color.adapt_rgb import adapt_rgb, each_channel, hsv_value
from skimage import filters
from skimage import data
from skimage.exposure import rescale_intensity
import matplotlib.pyplot as plt
```

```
@adapt_rgb(each_channel)
def scharr_each(image):
    return filters.scharr(image)
@adapt_rgb(hsv_value)
def scharr_hsv(image):
return filters.scharr(image)
image = data.coffee()
out1 = rescale_intensity(1 - scharr_each(image))
out2 = rescale_intensity(1 - scharr_hsv(image))
```

在上面的代码中,使用@adapt_rgb()装饰器创建了两个自定义函数。函数 scharr_each()将图像分为红色、绿色和蓝色通道,然后将滤波器分别应用于这些通道。最后,所有通道重新组合以形成滤波后的图像,代码演示如下。

```
plt.imshow(out1)
plt.show()
```

输出如图 12.5 所示。

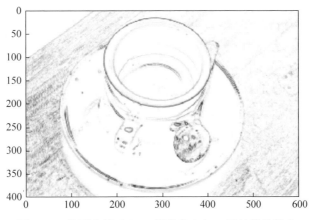

图 12.5　分别应用于 RGB 通道的 Scharr 滤波器的输出

scharr_hsv()函数将 RGB 图像转换为 HSV 图像。它将图像分割为色调、饱和度和亮度分量,并将滤波器分别应用于这些分量。所有分量将被重新组合以形成滤波后的图像,代码如下所示。

```
plt.imshow(out2)
plt.show()
```

输出如图 12.6 所示。

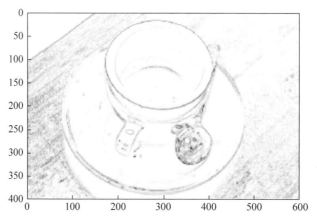

图 12.6　分别应用于 HSV 分量的 Scharr 滤波器的输出

12.3　小结

本章探讨了核、卷积和滤波器的概念。第 13 章将研究形态运算，以及如何还原损坏的图像。

练习

Scikit-Image 还有很多滤波器。编写代码以调用 Roberts、Sobel、Frangi 和 Hessian 滤波器的函数。请查看 https://scikit-image.org/docs/dev/api/skimage.filters.html 作为参考。

第 13 章
形态学运算和图像复原

在第 12 章中,详细研究了图像滤波器。从滤波器和核的定义开始,然后代码实现了许多滤波器并使用了 Scikit-Image 中可用的滤波器。本章将详细研究形态学运算和图像复原的概念。

13.1　数学形态学和形态学运算

数学形态学(MM)是一种用于分析和处理空间结构(例如图形、曲面网格、实体和其他空间结构)的技术,也可以在数字图像上使用形态学技术(或运算)。数字图像可以使用 4 种非常有用的形态学技术,即腐蚀、膨胀、开运算和闭运算。可以将这些操作用于二进制、灰度和彩色图像。就像需要一个核矩阵进行滤波,形态学运算也需要一个称为结构化元素的矩阵。结构元素是一个矩阵,它包含一个用于与给定的图像进行交互的形状。Scikit-Image 为结构元素提供了许多形状。以下是示例。

```
% matplotlib inline
from skimage import morphology
import numpy as np
```

```
print(morphology.square(4, np.uint8))
print('\n')
```

输出如下。

```
[[1. 1.]
 [1. 1.]
 [1. 1.]
 [1. 1.]
 [1. 1.]
 [1. 1.]]
```

运行以下结构元素示例并检查结果。

```
print(morphology.rectangle(6, 2, np.float16))
print('\n')
print(morphology.diamond(4, np.float16))
print('\n')
print(morphology.disk(4, np.float16))
print('\n')
print(morphology.cube(4, np.float16))
print('\n')
print(morphology.octahedron(4, np.float16))
print('\n')
print(morphology.ball(3, np.float16))
print('\n')
print(morphology.octagon(3, 4, np.float16))
print('\n')
print(morphology.star(4, np.float16))
print('\n')
```

下面介绍如何将这些结构元素用于形态学运算。

首先理解各种形态学运算的含义。腐蚀会扩展图像中较暗的部分，并收缩较亮的部分。膨胀与腐蚀相反，它扩展较亮的部分并收缩较暗的部分。腐蚀后再膨胀是开运算，膨胀后再腐蚀是闭运算。这些运算的含义很难理解，最好的方法是将所有这些运算应用在二进制图像上，以便更好地理解。

```
from skimage import data
import matplotlib.pyplot as plt
image = out1 = out2 = out3 = out4 = data.horse()
plt.imshow(image, cmap = 'gray')
plt.show()
```

输出如图 13.1 所示。

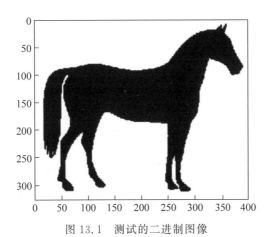

图 13.1　测试的二进制图像

将所有形态学运算应用于图像 20 次,代码如下所示。

```
for i in range(20):
    out1 = morphology.binary_erosion(out1)
    out2 = morphology.binary_dilation(out2)
    out3 = morphology.binary_opening(out3)
    out4 = morphology.binary_closing(out4)
```

可视化腐蚀效果。

```
plt.imshow(out1, cmap = 'gray')
plt.show()
```

输出如图 13.2 所示。

膨胀的可视化效果如下。

```
plt.imshow(out2, cmap = 'gray')
plt.show()
```

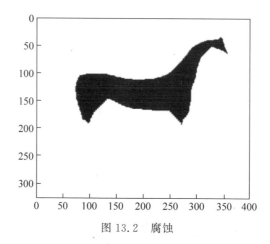

图 13.2　腐蚀

输出如图 13.3 所示。

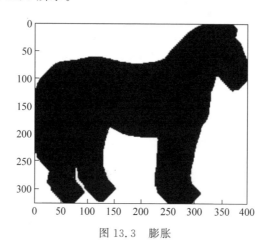

图 13.3　膨胀

在前面的示例中，看到了二进制形态学运算，只是将二进制图像数组传递给所有形态学函数。在这种情况下，默认结构元素是十字形元素。以下是自定义元素和腐蚀运算的示例。

```
selem = morphology.star(4, np.float16)
output = morphology.binary_erosion(data.horse(), selem)
plt.imshow(output, cmap = 'gray')
plt.show()
```

运行上面的代码,然后查看输出。同样地,可以使用其他自定义结构元素执行其他二进制形态学运算。

甚至可以在灰度图像上应用形态学运算,形态学函数的非二进制版本如下所示。

```
image = out1 = out2 = out3 = out4 = data.camera()
for i in range(20):
    out1 = morphology.erosion(out1)
    out2 = morphology.dilation(out2)
    out3 = morphology.opening(out3)
    out4 = morphology.closing(out4)
```

也可以对彩色图像使用相同的函数。

```
image = out1 = out2 = out3 = out4 = data.coffee()
for i in range(20):
    out1 = morphology.erosion(out1)
    out2 = morphology.dilation(out2)
    out3 = morphology.opening(out3)
    out4 = morphology.closing(out4)
```

运行这两个代码段,并在执行每个代码段后编写代码以可视化形式输出。

13.2　通过修复复原图像

图像复原是对受损图像进行恢复的过程。本节探讨如何实现修复。在修复时,估计受损部分的像素并恢复它们。下面逐步了解如何使用 Scikit-Image 实现修复。

```
% matplotlib inline
import numpy as np
import matplotlib.pyplot as plt
from skimage import data
```

```
from skimage.restoration import inpaint
image = data.coffee()[0:200, 0:200]
plt.imshow(image)
plt.show()
```

在上面的代码中，采用 200×200 的咖啡杯部分图像，下面创建一个缺陷掩码。

```
# Create mask with three defect regions: left, middle,
right respectively
mask = np.zeros(image.shape[:-1])
mask[20:60, 0:20] = 1
mask[160:180, 70:155] = 1
mask[30:60, 170:195] = 1
plt.imshow(mask, cmap = 'gray')
plt.show()
```

输出如图 13.4 所示。

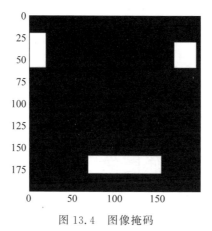

图 13.4　图像掩码

在图像上应用反转的图像缺陷掩码，代码如下所示。

```
defect = image.copy()
for layer in range(defect.shape[-1]):
    defect[np.where(mask)] = 0
plt.imshow(defect)
plt.show()
```

输出如图 13.5 所示。

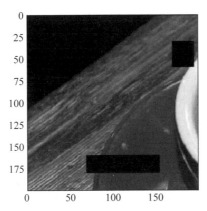

图 13.5　应用于图像上的缺陷掩码

应用修复函数,代码如下所示。

```
result = inpaint.inpaint_biharmonic(defect, mask, multichannel = True)
plt.imshow(result)
plt.show()
```

复原的图像如图 13.6 所示。

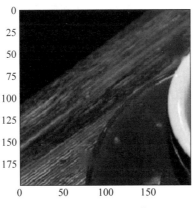

图 13.6　复原的图像

以上就是复原受损图像的方法。

13.3　小结

本章研究了形态学运算和图像修复。在第 14 章中,将讨论边缘检测。

第 14 章
噪声消除和边缘检测

在第 13 章中,研究了在二进制、灰度和彩色图像上的形态学运算,还学习了结构元素矩阵的相关概念,最后讲解了图像复原的概念和演示。

在本章中,将学习噪声的概念,还将在有噪声的图像样本上演示一些降噪技术。然后,介绍边缘检测的 Canny 方法。

14.1　噪声

信息以信号的方式表示。信号中任何不必要的干扰都是噪声。电子信号中的噪声是电子噪声。图像噪声是电子噪声的一个方面。在数字图像中,噪声是由数码相机或照片/胶片扫描仪的电子电路引入的。在模拟图像中,由于胶片颗粒引入了噪声,当将模拟图像/胶片扫描为数字格式时,噪声会复制到数字图像中。图像噪声是数字图像中像素强度的随机变化。信噪比定义为信号功率与噪声功率的比例。这是测量噪声的方法之一。

噪声有很多类型,例如高斯噪声、椒盐噪声等。下面进行随机噪声的演示。

```
% matplotlib inline
import numpy as np
import matplotlib.pyplot as plt
import random
from skimage import data, img_as_float
from skimage.util import random_noise
original = img_as_float(data.astronaut())
sigma = 0.155
noisy = random_noise(original, var = sigma ** 2)
plt.imshow(noisy)
plt.axis('off')
plt.show()
```

具有随机噪声的图像如图 14.1 所示。

图 14.1　具有随机噪声的图像

下面将介绍如何在图像中添加椒盐噪声。当在图像中随机添加黑白像素时，这些像素就是椒盐噪声。创建一个空图像，代码如下所示。

```
s_a_p_noisy = np.zeros(original.shape, np.float64)
```

根据变量 p 和 r 的值添加图像像素盐（白色像素）或胡椒（黑色像素），以下是代码。

```
p = 0.1
```

```
for i in range(original.shape[0]):
    for j in range(original.shape[1]):
        r = random.random()
        if r < p/2:
            s_a_p_noisy[i][j] = 0.0, 0.0, 0.0
        elif r < p:
            s_a_p_noisy[i][j] = 255.0, 255.0, 255.0
        else:
            s_a_p_noisy[i][j] = original[i][j]
plt.imshow(s_a_p_noisy)
plt.axis('off')
plt.show()
```

输出如图 14.2 所示。

图 14.2 具有椒盐噪音的图片

14.2 噪声消除

在 Scikit-Image 中实现了许多用于消除噪声的函数。下面介绍所有
降噪函数的使用演示,以下是代码示例。

```
% matplotlib inline
import numpy as np
import matplotlib.pyplot as plt
from skimage.restoration import (denoise_tv_chambolle, denoise_bilateral,
denoise_nl_means, denoise_tv_bregman)
from skimage import data, img_as_float
from skimage.util import random_noise
original = img_as_float(data.astronaut()[0:100, 0:100])
plt.imshow(original)
plt.show()
```

上面的程序将显示宇航员图像的 100×100 部分。在其中加入噪声，代码如下所示。

```
sigma = 0.155
noisy = random_noise(original, var = sigma ** 2)
plt.imshow(noisy)
plt.show()
```

在噪声图像上应用降噪函数。

```
output1 = denoise_tv_chambolle(noisy, weight = 0.1, multichannel = True)
plt.imshow(output1)
plt.show()
```

双边降噪函数可以大大消除噪声。

```
output2 = denoise_bilateral(noisy, sigma_color = 0.05, sigma_spatial = 15,
multichannel = True)
plt.imshow(output2)
plt.show()
```

NL 表示降噪，代码如下所示。

```
output3 = denoise_nl_means(noisy, multichannel = True) plt.imshow(output3)
plt.show()
```

另一个降噪函数如下。

```
output4 = denoise_tv_bregman(noisy, weight = 2) plt.imshow(output4)
plt.show()
```

在新的 Jupyter Notebook 的不同单元格中运行上述代码段,然后检查输出。

14.3 Canny 边缘检测器

Canny 边缘检测器是一种边缘检测算法。它分多个阶段工作,以其开发商 John F Canny 的名字命名。Canny 边缘检测具有以下 5 个阶段。

- 应用高斯滤波器消除噪声,平滑图像。
- 计算图像的强度梯度。
- 应用非最大抑制。
- 应用双阈值以计算所有潜在边缘。
- 删除所有未连接强边的边缘以最终确定边缘。

Scikit-Image 使用 canny()函数计算图像中的边缘,示例代码如下。

```
% matplotlib inline
import numpy as np
import matplotlib.pyplot as plt
from skimage import feature, data
original = data.camera()
plt.imshow(original, cmap = 'gray')
plt.axis('off')
plt.show()
```

上面的代码显示了摄影师的图像。应用 Canny 边缘检测函数,代码如下所示。

```
edges1 = feature.canny(original)
# by default sigma = 1
plt.imshow(edges1, cmap = 'gray')
plt.axis('off')
plt.show()
```

以下是边缘检测的结果,如图 14.3 所示。

图 14.3 摄影师图像的边缘

14.4 小结

本章研究了噪声、噪声消除和边缘检测。在第 15 章中，将研究一些更高级的图像处理概念。

练习

使用不同的参数 sigma 值运行 Canny 边缘检测程序，以下是示例。

```
edges1 = feature.canny(original, sigma = 3)
```

第 15 章
高级图像处理操作

在第 14 章中，研究了噪声、信噪比和图像降噪的概念，还学习了如何使用 Canny 边缘检测算法检测图像中的边缘。

本章将研究图像处理领域中的高级概念及其在 Scikit-Image 和 Matplotlib 中的实现。

15.1　SLIC 分割

分割指根据像素之间的相似度，将图像划分为不同的区域。有许多分割图像的方法。简单线性迭代聚类（SLIC）在 5D 空间中执行像素的局部聚类，该空间由 CIELAB 颜色空间的 L、a、b 值以及 x、y 像素坐标定义。SLIC 超像素技术由 Radhakrishna Achanta、Appu Shaji、Kevin Smith、Aurelien Lucchi、Pascal Fua 和 Sabine Susstrunk 于 2010 年 6 月在 EPFL 上提出。以下是其通过 Scikit-Image 实现的代码。

```
% matplotlib inline
from skimage import data, segmentation, color
from skimage.future import graph
from matplotlib import pyplot as plt
img = data.coffee()
```

```
labels = segmentation.slic(img, compactness = 30, n_segments = 1000)
out = color.label2rgb(labels, img, kind = 'avg')
plt.imshow(out)
plt.axis('off')
plt.show()
```

输出如图 15.1 所示。

图 15.1　SLIC 分割演示

注意,此处两个函数因 Scikit-Image 安装版本不同(函数参数设置要求不同),会出现图像无法显示的问题,所以应根据安装版本进行参数修改。以 0.19 版本为例,具体修改如下。

```
labels = segmentation.slic(img, compactness = 30, n_segments = 1000, start_
label = 1)
out = color.label2rgb(labels, img, kind = 'avg', bg_label = - 1).astype("uint8")
```

15.2　灰度图像着色

对灰度图像应用各种颜色的着色。为此,需要将单通道灰度图像转换为 RGB 图像。注意,只是更改图像的颜色空间,而不是与颜色信息有关的数据，以下是代码示例。

```
% matplotlib inline
import matplotlib.pyplot as plt
from skimage import data, color, img_as_float
grayscale_image = img_as_float(data.moon()[::2, ::2])
image = color.gray2rgb(grayscale_image)
plt.imshow(image)
plt.show()
```

定义一个乘数，然后用它乘图像数组。以下是示例，演示如何将红色调应用于图像。

```
red_multiplier = [1, 0, 0]
output1 = image * red_multiplier
plt.imshow(output1)
plt.show()
```

通过更改乘数数组的值，可以创建各种色调，代码如下所示。

```
green_multiplier = [0, 1, 0]
blue_multiplier = [0, 0, 1]
yellow_multiplier = [1, 1, 0]
cyan_multiplier = [0, 1, 1]
```

请尝试创建更多的色调数组。

15.3　轮廓

轮廓是一条曲线，它沿边界连接所有具有相同颜色（对于彩色图像）或强度（对于灰度图像）的连续点。轮廓可应用于形状分析和物体检测，轮廓示例如下所示。

```
% matplotlib inline
import numpy as np
import matplotlib.pyplot as plt
from skimage import measure
```

```
x, y = np.ogrid[ - np.pi:np.pi:100j, - np.pi:np.pi:100j]
r = np.cos(np.exp((np.sin(x) ** 3 + np.cos(y) ** 5)))

# Display the image and plot all contours found
plt.imshow(r, interpolation = 'nearest')
# Find contours at a constant value of 0.8
contours = measure.find_contours(r, 0.8)
for n, contour in enumerate(contours):
    plt.plot(contour[:, 1], contour[:, 0], linewidth = 2)
plt.title('Contours')
plt.axis('off')
plt.show()
```

输出如图 15.2 所示。

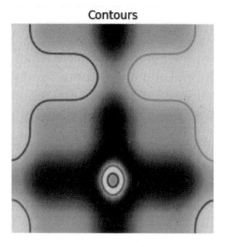

图 15.2   轮廓

15.4   小结

本章研究了轮廓、SLIC 分割和灰度图像着色。在第 16 章中，将研究 Python 和 Anaconda 的各种发行版。

第 16 章
包管理

在第 15 章中，介绍了使用 Scikit-Image 对图像进行的高级操作。到目前为止，已经涵盖了本书中要介绍的所有图像处理概念。本章将学习一些前面章节中没有涉及的重要内容，即了解 Python 和 conda 软件包管理器的各种发行版。在实际项目中，读者会发现这些主题非常有用。

16.1　Python 实现和发行版

到目前为止，一直在使用的 Python 实现程序（从 Python 软件基金会网站下载，也可以从树莓派 Raspbian 中获得）称为 CPython。因为它用 C 编程语言实现。Python 编程语言还有其他实现和发行版。可以在 https://wiki.python.org/moin/PythonDistributions 和 https://www.python.org/download/alternatives/ 上找到这些实现和发行版的列表。本章将详细介绍 Python 的 Anaconda 发行版，学习如何在 Windows OS 上安装 Anaconda，还将看到 conda 软件包管理器的详细信息。

16. 2　Anaconda

Anaconda 是一种流行的 Python 发行版，已被采用 Python 进行科学计算的个人和组织广泛使用。可以从 https://www.anaconda.com/distribution/下载安装程序。下载后，可以在 Windows 用户的 Downloads 目录中找到它。启动安装向导，并确保勾选将 Anaconda 添加到系统 PATH 环境变量中的复选框，如图 16.1 所示。

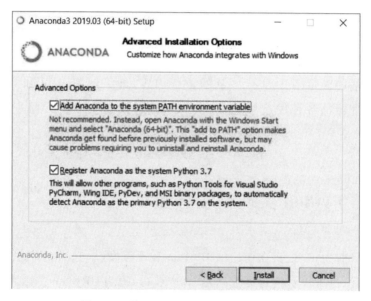

图 16.1　将 Anaconda 添加到系统 PATH

安装 Anaconda 会花费很多时间，因为它捆绑了许多软件包。可以在 https:// docs.anaconda.com/anaconda/packages/pkg-docs/查看 Anaconda 随附的软件包列表。

16.3 conda 包管理

conda 是一个像 pip 一样的包管理器和环境管理系统。pip 和 conda 之间的主要区别是,conda 是许多其他编程语言(如 R)的软件包管理器。默认情况下,Anaconda 自带 conda。也可以使用 pip 单独安装 conda。

在树莓派上运行以下命令安装 conda。

```
sudo pip3 install conda
```

安装 conda 后,可以使用以下命令对其进行更新。

```
conda update conda
```

显示版本的命令如下。

```
conda - V
```

查看已安装软件包的列表,命令如下。

```
conda list
```

在 conda 存储库中搜索软件包,命令如下。

```
conda search opccv
```

从 conda 存储库安装软件包,命令如下。

```
conda install opencv
```

使用 conda 卸载软件包,命令如下。

```
conda uninstall opencv
```

16.4　Spyder IDE

Anaconda 带有一个称为 Spyder IDE 的 IDE。Spyder 有集成的 IPython 交互式提示符。可以通过在 Windows 搜索栏中输入 Spyder 进行搜索。

Spyder IDE 的界面如图 16.2 的所示。在图 16.2 的左侧，可以看到代码编辑器。右下角有交互式 IPython 提示符，在这里可以看到 Python 程序执行的输出。

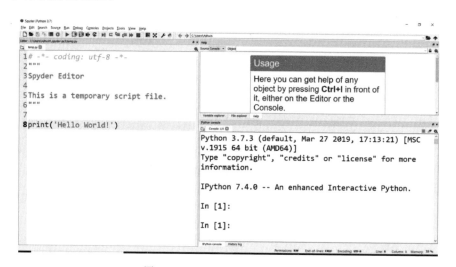

图 16.2　Spyder IDE 的屏幕截图

16.5　小结

本章学习了一些重要主题，如 Python 的 Anaconda 发行版本和 conda 包管理器。

16.6 总结

在本书中，首先介绍 Python 的基础知识，接着介绍了 Jupyter Notebook 环境。对于任何类型的科学计算，NumPy 都是基础库，因此也进行了探索。然后，介绍了使用 NumPy 和 Matplotlib 进行图像处理的过程。接着，通过 Scikit-Image 详细介绍了许多图像处理概念。最后，介绍了如何使用 conda 包管理器以及如何安装 Python 的 Anaconda 发行版。

本书提供了有关图像处理概念的大量信息。所有编程示例以及练习都有助于读者对重要的图像处理技术进行深入理解。现在，您可以通过研究 SciPy 和 OpenCV 等其他重要的库，进一步探索 Python 的科学计算世界。祝您探索、学习快乐！